人工智能与大数据应用与实践研究

安晓光　张荣锋　陈怡丹　著

哈尔滨出版社
HARBIN PUBLISHING HOUSE

图书在版编目（CIP）数据

人工智能与大数据应用与实践研究／安晓光，张荣
锋，陈怡丹著. -- 哈尔滨：哈尔滨出版社，2025.1.
ISBN 978-7-5484-8139-3

Ⅰ.TP18；TP274

中国国家版本馆 CIP 数据核字第 2024QA2842 号

书　　名：人工智能与大数据应用与实践研究
RENGONG ZHINENG YU DASHUJU YINGYONG YU SHIJIAN YANJIU

作　　者：安晓光　张荣锋　陈怡丹　著
责任编辑：韩金华
封面设计：赵庆旸

出版发行：哈尔滨出版社（Harbin Publishing House）
社　　址：哈尔滨市香坊区泰山路 82 - 9 号　　　邮编：150090
经　　销：全国新华书店
印　　刷：玖龙（天津）印刷有限公司
网　　址：www.hrbcbs.com
E - mail：hrbcbs@yeah.net
编辑版权热线：（0451）87900271　87900272
销售热线：（0451）87900202　87900203

开　　本：787mm×1092mm　1/16　印张：12.5　字数：254 千字
版　　次：2025 年 1 月第 1 版
印　　次：2025 年 1 月第 1 次印刷
书　　号：ISBN 978-7-5484-8139-3
定　　价：72.00 元

凡购本社图书发现印装错误，请与本社印制部联系调换。
服务热线：（0451）87900279

前 言

在信息化社会，数据已经成为一种无形资产，而人工智能则是将这种资产转化为实际价值的关键技术。随着科技的飞速发展，人工智能与大数据已经渗透到我们生活的方方面面，从商业决策、社会治理到科学研究、智慧城市建设，无不展现出巨大的潜力和价值。本书旨在帮助读者理解人工智能与大数据技术的理论、应用与创新。

人工智能与大数据技术的结合，不仅是技术层面的融合，更是传统行业模式的深刻变革。它以强大的数据处理能力和智能化的决策支持，为各行各业带来了前所未有的发展机遇。在商业领域，人工智能与大数据技术的应用帮助企业实现精准营销、优化供应链、提高生产效率，从而降低成本、增加收益。在社会治理方面，为政府决策提供了科学依据，提高了公共服务的质量和效率。在科学研究领域，人工智能与大数据技术的应用加快了知识创新的步伐，为科研工作者提供了更加便捷、高效的研究工具。

本书的内容涵盖了人工智能与大数据技术的多个方面，从基础理论到关键技术，从商业应用到科学研究，从智慧城市建设到医疗、金融、教育等各个领域，力求让读者获得全面而深入的了解。在第一章中，我们介绍了人工智能与大数据的基本概念、发展历程及未来发展趋势，旨在为读者构建一个清晰的整体认识框架。接下来的章节则依次深入探讨了人工智能与大数据的基础理论、融合技术、商业应用和实践、社会应用和实践及在医疗、金融、教育等领域的应用和实践。

通过案例分析和前沿研究，本书旨在帮助读者深入理解人工智能与大数据的关键概念、技术方法和应用场景，以及其对各行业发展的影响和发展趋势。我们希望通过书中的案例和实践经验，激发读者的创新思维和实践能力，推动人工智能与大数据技术在更多领域的应用和发展。

此外，本书适合不同层次的读者阅读。对于从业人员来说，它是一本实用的参考书，可以帮助他们深入了解人工智能与大数据技术研究的最新进展，提升自身的专业素养和技能水平。对于学者和学生来说，它是一本有价值的学术著作，可以提供丰富的研究资料和灵感，引导他们寻找相关领域的研究方向和创新点。

在编写本书的过程中，我们力求保持客观、严谨的态度，为读者提供准确、全面的信息。同时，我们也注重理论与实践的结合，通过具体的案例和实践经验来阐述人工智能与大数据技术的应用和价值。

然而，我们也深知人工智能与大数据技术的发展日新月异，新的技术和应用层出不穷。因此，本书内容只是对这一领域研究成果的阶段性总结，未来的研究和应用还需要我们继续探索和创新。我们期待与广大读者一起，共同见证人工智能与大数据技术的发展，共同推动社会的进步。

最后，我们要感谢所有为本书的出版做出贡献的人，感谢他们的辛勤付出和无私奉献。同时，我们也要感谢广大读者的支持和信任，是大家的关注和支持让我们有动力继续前行。我们相信，本书将会成为读者探索人工智能与大数据领域的良师益友，为大家的发展提供有力的支持。

目 录

第一章

人工智能与大数据概述

第一节　人工智能与大数据的定义和关系

一、人工智能的基本概念

（一）人工智能的定义与起源

人工智能（Artificial Intelligence，简称 AI）是一门新兴的技术科学，旨在开发和应用能够模拟、延伸和扩展人类智能的理论、方法和技术，包括机器人、语言识别、图像识别、自然语言处理和专家系统等。它结合了数学、计算机科学、心理学等多学科的理论，通过让计算机模拟人类的思考和行为过程，实现人机交互，提高计算机的智能水平，以更好地服务人类社会。

人工智能的起源可以追溯到 20 世纪中叶。随着计算机技术的快速发展和普及，人们开始思考如何让计算机具有更高级的智能，从而能够执行更复杂的任务。在这种背景下，人工智能的概念应运而生，并逐渐发展成为一门独立的学科。

（二）人工智能的核心技术

人工智能的核心技术包括机器学习、深度学习、自然语言处理、计算机视觉等。机器学习是人工智能的重要分支，它通过让计算机从数据中学习规律和知识，实现自我优化和提升。深度学习是机器学习的一种，它利用神经网络模型模拟人脑神经元的工作方式，实现对复杂数据的处理和分析。自然语言处理则关注让计算机理解和生成人类语言，实现人机之间的有效沟通。计算机视觉则致力于让计算机像人一样理解和识别图像和视频信息。

这些核心技术的发展和应用，使得人工智能在各个领域都取得了显著进展。例如，在医疗领域，人工智能可以通过分析医疗图像和病历数据，辅助医生进行疾病诊断和治疗方案制定；在金融领域，人工智能可以通过分析市场数据和用户行为，预测市场趋势和风险评估；在交通领域，人工智能可以实现智能交通管理和自动驾驶等功能，提高交通效率和安全性。

（三）人工智能的应用领域

人工智能的应用领域非常广泛，几乎涵盖了人类生活的方方面面。在教育领域，人工智能可以为学生提供个性化的学习方案和辅导，提高学习效果；在娱乐领域，人工智能可以创造虚拟角色和场景，提供更加丰富多样的娱乐体验；在制造业领域，人工智能可以优化生产流程和质量控制，提高生产效率和降低成本；在军事领域，人工智能可以辅助指挥决策和作战行动，提高军事效能和安全性。

此外，人工智能还在智能家居、智慧城市、农业、环保等领域发挥重要作用。通过智能家居系统，人们可以实现远程控制家电设备、智能安防等功能，提高生活便利性和安全性；通过智慧城市系统，政府可以实现城市管理和服务的智能化，提高城市治理水平和居民生活质量；在农业领域，人工智能可以通过精准农业和智能农机等技术手段，提高农业生产效率和资源利用率；在环保领域，人工智能可以通过监测和分析环境数据，提出有效的环保措施和方案，促进可持续发展。

然而，随着人工智能技术的不断发展和应用，也面临着一些挑战和问题。例如，数据安全和隐私保护问题、算法公平性和透明度问题、人工智能的伦理和法律问题等。这些问题需要我们在推进人工智能发展的同时，加强监管和规范，确保人工智能技术的健康、安全和可持续发展。

综上所述，人工智能是一门具有广泛应用前景和深远影响的技术科学。通过不断发展和创新，人工智能将为人类社会带来更多的便利和福祉，同时也需要我们认真思考和解决其中的挑战和问题。在未来，我们有理由相信，人工智能将成为推动社会进步和发展的重要力量。

二、大数据的定义与特征

（一）大数据的定义

大数据，顾名思义，是指无法在合理时间内用常规软件工具进行捕获、管理和处理的庞大数据集合。它代表了信息技术发展至一定阶段后，数据体量、复杂性和生成速度均达到前所未有的水平的产物。在信息技术领域，大数据常被定义为"4V"：体量（Volume）、速度（Velocity）、多样性（Variety）和价值（Value）。

首先，体量指的是大数据的规模。随着数字化时代的到来，数据生成的速度和数量都在迅猛增长，从社交媒体上的每一条动态、每一笔在线交易，到科学研究中的实验数据，都构成了大数据的组成部分。这种规模的数据量使得传统的数据处理方式无法应对，需要采用更为先进的技术和工具。

其次，速度是指大数据的生成和处理速度。在高速网络、物联网等技术的推动下，数据的生成速度越来越快，要求数据处理系统能够实时或近实时地处理和分析这些数据，以满足实际应用的需求。

再次，多样性涉及大数据的类型和来源。大数据不仅包括结构化数据，如数据库中的表格数据，还包括半结构化数据和非结构化数据，如文本、图像、音频和视频等。这些数据可能来自不同的系统和平台，因此需要能够处理多种类型的数据。

最后，价值是指大数据中蕴含的潜在信息和价值。通过对大数据的分析和挖掘，可以发现隐藏在数据中的规律、趋势和模式，从而为决策提供支持，创造价值。

（二）大数据的特征

1. 海量性

大数据的首要特征是其海量的数据规模。随着信息化程度的提高，数据的产生和收集变得愈发容易，无论是个人还是组织，都在不断地生成和积累数据。这些数据可能来自各个方面，包括但不限于社交媒体、电子商务、物联网设备等。因此，大数据的第一个特征就是其庞大的数据量，这要求我们在处理大数据时必须具备高效的数据存储和计算能力。

2. 多样性

大数据的多样性体现在其来源和类型的丰富性上。大数据不仅包括传统的结构化数据，如数据库中的表格数据，还包括半结构化数据和非结构化数据。这些数据可能来自不同的系统和平台，如社交媒体、移动设备、传感器等。它们的格式也多种多样，包括文本、图像、音频、视频等。这种多样性使得大数据的处理和分析变得更加复杂，但也为我们提供了更多维度的信息，有助于更全面地了解事物。

3. 高速性

大数据的高速性体现在其生成和处理的速度上。随着技术的不断发展，数据的生成速度越来越快，同时，对于实时数据的处理需求也越来越高。例如，在金融领域，股票价格、交易数据等需要实时更新和处理；在物流领域，货物的运输状态、位置信息等也需要实时跟踪和更新。因此，大数据系统必须具备高效的数据处理能力，以满足实时性的需求。

4. 价值性

大数据的价值性体现在其潜在的信息和商业价值上。通过对大数据的深入分析和挖掘，我们可以发现隐藏在数据中的规律、趋势和模式，从而为企业决策提供支持，提高运营效率，降低成本。同时，大数据还可以帮助我们更好地了解消费者需求和行为，为精准营销和个性化服务提供可能。因此，大数据的价值性不仅体现在其本身的数量上，更体现在其所能带来的实际效益上。

（三）大数据的重要性与影响

大数据的重要性在于它为我们提供了一个全新的视角和工具来理解和应对复杂的世界。通过大数据，我们可以更深入地洞察市场趋势、消费者行为、社会动态等，从而为决策提供更准确、更全面的依据。同时，大数据也推动了各行各业的创新和发展，带来了生产效率的提升、服务质量的改善及商业模式的变革。

然而，大数据的影响并非全部都是积极的。一方面，大数据的广泛应用可能导致个人隐私泄露和信息安全问题；另一方面，过度依赖大数据可能导致决策僵化，忽略其他重要因素。因此，在利用大数据的同时，我们也需要关注其潜在的风险和挑战，制定合理的政策和法规来规范大数据的使用和管理。

综上所述，大数据作为一种新兴的技术和资源，具有海量的数据规模、多样的数据类型、高速的数据处理能力和潜在的价值性。它为我们提供了前所未有的机会和挑战，需要我们不断探索和创新，以更好地应对未来的挑战。

三、人工智能与大数据的交互关系

（一）人工智能与大数据的相互促进

人工智能与大数据之间存在紧密的相互促进关系。大数据为人工智能提供了丰富的数据资源，使得机器学习、深度学习等人工智能技术得以发展和应用。而人工智能技术的不断创新和优化，又进一步提升了大数据的处理和分析能力，使得大数据的价值得以更充分地挖掘和利用。

首先，大数据为人工智能提供了海量的训练数据。机器学习算法需要通过大量的数据来学习和优化模型，以提高预测和决策的准确性。大数据的丰富性和多样性使得机器学习算法能够接触到更多的场景和模式，从而增强其泛化能力。例如，在图像识别领域，通过训练大量的图像数据，机器学习算法可以识别出更多的物体和场景，提高识别的准确率。

其次，人工智能技术的不断创新也为大数据的处理和分析提供了新的方法和工具。传统的数据处理和分析方法往往无法应对大数据的规模和复杂性，而人工智能技术可以通过自动化和智能化的方式，对大数据进行高效的处理和分析。例如，深度学习技术可以通过神经网络模型对大规模的数据进行特征提取和分类，实现复杂的数据分析和挖掘任务。这些技术的发展使得大数据的分析更加深入和全面，为决策提供了更准确的依据。

此外，人工智能和大数据的结合还可以促进新的商业模式和创新应用的发展。通过对大数据的分析和挖掘，企业可以发现新的市场需求和商业机会，进而开发出更加智能化和个性化的产品和服务。例如，基于大数据分析的推荐系统可以根据用户的兴趣和行为习惯，为用户推荐更加精准的内容和产品；智能客服系统则可以通过自然语言处理技术实现与用户的智能交互，提高客户服务的质量和效率。

（二）人工智能在大数据处理中的应用

人工智能在大数据处理中发挥着越来越重要的作用。通过应用机器学习、深度学习等人工智能技术，我们可以对大数据进行更高效、更准确的处理和分析，从而提取出更多有价值的信息。

一方面，人工智能可以帮助我们进行大数据的预处理和清洗。由于大数据往往包含大量的噪声和无关信息，直接进行分析可能会导致结果的不准确。而人工智能技术可以通过自动化的方式,对大数据进行去噪、填充缺失值、异常值检测等预处理操作,提高数据的质量和可靠性。

另一方面,人工智能可以帮助我们进行大数据的挖掘和分析。传统的数据分析方法往往只能处理结构化的数据,而对于非结构化的数据则无能为力。而人工智能技术,特别是深度学习技术,可以处理各种类型的数据,包括文本、图像、音频等,并从中提取有用的特征和信息。通过对这些特征的分析和建模,我们可以发现隐藏在数据中的规律、趋势和模式,为决策提供有力支持。

此外,人工智能还可以帮助我们实现大数据的实时处理和分析。随着大数据的生成速度越来越快,对实时性的要求也越来越高。人工智能技术可以通过构建高效的算法和模型,实现对大数据的实时采集、处理和分析,从而及时发现和应对各种问题和挑战。

(三) 大数据对人工智能发展的推动作用

大数据对人工智能的发展起到了重要的推动作用。首先,大数据为人工智能提供了丰富的训练数据和测试数据,使得人工智能模型能够更好地进行学习和优化。通过不断地训练和调整模型参数,人工智能可以在大数据的支持下逐渐提升性能,实现更准确地预测和决策。

其次,大数据的多样性和复杂性为人工智能带来了更多的挑战和机遇。传统的数据集往往比较简单和规则化,难以满足人工智能在复杂场景下的应用需求。而大数据的多样性和复杂性使得人工智能需要面对更多的不确定性和变化性,从而推动人工智能技术的不断创新和进步。

此外,大数据还推动了人工智能在各个领域的广泛应用。随着大数据技术的不断发展和普及,越来越多的行业和领域开始利用大数据进行决策和优化。这为人工智能提供了广阔的应用场景和市场需求,进一步推动了人工智能技术的发展和创新。

然而,值得注意的是,大数据与人工智能的交互关系也面临着一些挑战和问题。例如,数据的质量和可靠性对人工智能的性能具有重要影响;同时,随着数据规模的不断增长,如何高效地处理和存储大数据也成了亟待解决的问题。此外,大数据和人工智能的应用也涉及隐私保护、伦理道德等方面的挑战,需要我们在推进技术发展的同时加强相关规范和监管。

综上所述,人工智能与大数据之间存在密切的交互关系,它们相互促进、共同发展。通过深入研究和应用人工智能与大数据技术,我们可以更好地应对复杂多变的现实世界,推动社会的进步和发展。同时,我们也需要关注其中的挑战和问题,加强规范和监管,确保技术的健康、安全和可持续发展。

第二节　人工智能与大数据的发展历程

一、人工智能的演进历程

（一）初始探索与符号逻辑阶段

人工智能的演进历程可以追溯至 20 世纪中叶。在这一阶段，科学家开始思考并探索如何使机器具备类似人类的智能。其中，符号逻辑成为这一时期的核心研究方向。符号逻辑是通过形式化语言和推理规则来模拟人类思维的一种方法。在这一阶段，人工智能的研究主要集中在逻辑推理、定理证明等领域，旨在通过符号操作来模拟人类的思维过程。

尽管初始的探索取得了一定的成果，但符号逻辑的方法也面临着诸多挑战。例如，它无法处理现实世界中的不确定性和模糊性，且对于复杂的任务往往难以找到合适的推理规则。因此，这一阶段的人工智能系统往往只能处理特定领域内的简单问题，无法应用于更广泛的场景。

（二）知识工程与专家系统阶段

随着人工智能研究的深入，科学家开始意识到单纯的符号逻辑不足以模拟人类的智能。于是，知识工程和专家系统应运而生。知识工程是一种通过构建领域知识库来支持推理和决策的方法，而专家系统则是基于知识工程构建的一种智能系统，能够模拟特定领域专家的知识和经验来解决问题。

在这一阶段，人工智能系统开始能够处理更加复杂的问题，并在一些特定领域取得了显著的应用效果。例如，医疗诊断系统可以根据病人的症状和病史来推断可能的病因，金融分析系统可以辅助投资者进行市场预测和风险评估。然而，专家系统也存在着一定的局限性，如知识获取困难、推理能力有限等问题。

（三）机器学习与深度学习阶段

随着计算机技术的快速发展和大数据时代的到来，人工智能进入了机器学习和深度学习阶段。这一阶段的特点是利用大量的数据和计算资源来训练模型，使模型能够自动地从数据中学习和提取有用的特征。

机器学习是人工智能的一个重要分支，它涵盖了多种算法和技术，如监督学习、无监督学习、强化学习等。通过训练模型来优化其性能，机器学习使得人工智能系统能够在各种任务中取得更好的表现。例如，图像识别系统可以自动识别照片中的物体和场景，语音识别系统可以将语音转化为文字。

深度学习是机器学习的一个子领域，它利用神经网络模型来处理复杂的数据和任务。深度学习模型通过构建多层神经网络来模拟人类的神经系统，从而实现对数据的深度分析和理解。在图像识别、自然语言处理、语音识别等领域，深度学习技术取得了显著的突破和进展。

随着深度学习的不断发展，人工智能的应用范围也在不断扩大。如今，人工智能已经渗透到各个行业和领域，包括医疗、教育、交通、金融等。它不仅能够提高生产效率和服务质量，还能够创造新的商业价值。

然而，尽管人工智能取得了显著进步，但仍然存在许多挑战和问题。例如，如何保证人工智能系统的安全性和可靠性，如何避免人工智能的滥用和误用，如何平衡人工智能的发展与隐私保护的关系，这些问题都需要我们在未来的研究和应用中加以关注和解决。

此外，人工智能的发展也引发了一系列伦理和社会问题。例如，人工智能系统可能取代部分人类工作，导致就业市场的变化；同时，人工智能的决策过程可能缺乏透明度和可解释性，导致人们对其信任度降低。因此，在推动人工智能发展的同时，我们也需要关注其对社会和伦理的影响，制定相应的政策和法规来规范和引导其发展。

综上所述，人工智能经历了从初始探索到符号逻辑、知识工程与专家系统，再到机器学习与深度学习等多个阶段。每个阶段都为人工智能的发展奠定了重要基础，并推动了其在各个领域的应用和创新。然而，人工智能仍然面临着诸多挑战和问题，需要我们不断探索和研究，以实现其更加广泛和深入的应用。

二、大数据技术的兴起与发展

（一）大数据技术的概念与兴起背景

随着信息技术的迅猛发展，数据已经渗透到现代社会的每一个角落，大数据技术的兴起与发展正是对这一时代背景的深刻回应。大数据技术，顾名思义，是指对海量数据进行高效处理、分析和挖掘的技术集合。它涵盖了数据的采集、存储、处理、分析和可视化等多个环节，旨在从庞大的数据集中提取有价值的信息，为决策提供支持。

大数据技术的兴起背景可以归结为多个方面。首先，互联网、物联网、移动计算等技术的普及使得数据生成的速度和规模呈爆炸式增长。无论是社交网络上的用户行为数据，还是智能设备产生的运行数据，都构成了大数据的重要来源。其次，云计算技术的发展为大数据处理提供了强大的计算能力和存储空间，使得处理海量数据成为可能。最后，企业和政府对于数据价值的认识不断提升，他们希望通过大数据技术来挖掘数据中的潜在价值，提升业务效率和决策水平。

（二）大数据技术的发展历程

大数据技术的发展历程可以划分为几个关键阶段。最初，大数据主要关注数据的存储和管理。随着数据量的不断增加，传统的数据库系统无法满足大数据的存储需求，因此出现了分布式文件系统、NoSQL 数据库等新型存储技术。这些技术能够支持海量数据的存储和高效访问，为大数据处理提供了坚实的基础。

随着存储问题的解决，大数据处理和分析技术逐渐成为研究的热点。并行计算、机器学习、数据挖掘等技术被广泛应用于大数据处理中。这些技术能够实现对大数据的快速处理和分析，提取出有用的信息和模式。同时，数据可视化技术的发展也使得大数据的分析结果更加直观和易于理解。

近年来，随着人工智能技术的快速发展，大数据与人工智能的结合成为新的趋势。人工智能技术为大数据处理提供了更强大的分析和预测能力，使得大数据的应用场景更加广泛。例如，深度学习技术可以应用于图像和视频数据的处理和分析，自然语言处理技术可以应用于文本数据的挖掘。

（三）大数据技术的主要应用领域

大数据技术已经广泛应用于各个领域，为各行业的创新和发展提供了强大的支持。以下是几个主要的应用领域。

商业智能与决策支持：大数据技术可以帮助企业收集和分析客户行为、市场趋势等数据，为企业的战略规划和决策提供有力支持。通过对大数据的深入挖掘，企业可以发现新的商业机会，优化产品和服务，提升市场竞争力。

医疗健康：在医疗健康领域，大数据技术可以应用于疾病预测、精准医疗、医疗资源优化等方面。通过对患者的病历、基因、生活习惯等数据的分析，医生可以制定更加个性化的治疗方案，提高治疗效果。同时，大数据技术还可以帮助医疗机构优化资源配置，提高医疗服务的质量和效率。

智慧城市：在智慧城市建设中，大数据技术可以应用于交通管理、环境监测、公共安全等方面。通过对城市交通流量、环境质量、公共安全事件等数据的实时监测和分析，政府可以制定更加科学的城市规划和管理策略，提升城市的可持续发展水平。

金融科技：在金融领域，大数据技术可以应用于风险评估、信用评级、反欺诈等方面。通过对客户的交易行为、信用记录等数据的分析，金融机构可以更加准确地评估风险，制定更加合理的信贷政策。同时，大数据技术还可以帮助金融机构识别和预防欺诈行为，保障金融市场的稳定和安全。

综上所述，大数据技术的兴起与发展是信息技术进步和社会需求变化的必然结果。它不仅改变了数据处理和分析的方式，也为各行各业带来了前所未有的机遇和挑战。未来，随着技术的不断进步和应用场景的不断拓展，大数据技术将在更多领域发挥重要作用，推动社会的创新和发展。然而，我们也应该看到，大数据技术的发展也面临着数据隐私、数据安全等挑战，需要在推进技术创新的同时加强相关法律法规的制定和执行，确保大数据技术的健康发展。

三、两者融合的历史节点与趋势

(一) 融合的历史节点

随着信息技术的快速发展，人工智能与大数据技术的融合成为不可避免的趋势。回顾历史，我们可以发现几个关键的融合节点，这些节点标志着人工智能与大数据技术从相互独立走向紧密结合，共同推动社会进步。

首先，机器学习算法的进步为两者的融合奠定了基础。传统的机器学习算法在处理大规模数据时面临着计算效率和精度的问题。然而，随着大数据技术的发展，海量的数据为机器学习提供了丰富的训练样本，使得算法能够不断优化和提升性能。同时，大数据的分布式处理框架也为机器学习算法提供了高效的计算环境，使得大规模数据的处理和分析成为可能。

其次，深度学习技术的兴起进一步推动了人工智能与大数据的融合。深度学习通过构建深层次的神经网络模型，能够自动从原始数据中提取有用的特征表示。这一特点使得深度学习在处理复杂数据和模式识别任务时具有显著优势。同时，大数据技术的发展为深度学习提供了充足的数据支持，使得模型能够学习到更加精确和泛化的特征。

此外，云计算平台的普及也为人工智能与大数据的融合提供了便利。云计算平台具有强大的计算能力和灵活的存储资源，能够支持大规模数据的处理和分析。通过云计算平台，人工智能和大数据技术可以实现资源的共享和协同工作，提高处理效率和降低成本。

综上所述，机器学习算法的进步、深度学习技术的兴起及云计算平台的普及，是人工智能与大数据技术融合的关键历史节点。这些节点不仅推动了两者在技术层面的融合，也为它们在各个领域的应用提供了广阔的空间。

(二) 融合的趋势分析

随着技术的不断进步和应用场景的不断拓展，人工智能与大数据技术的融合呈现出以下几个明显的趋势。

首先，智能化成为大数据处理的重要方向。传统的数据处理方法往往只能提供基础的数据统计和分析功能，而无法满足复杂决策和预测的需求。通过引入人工智能技术，大数据处理可以实现更加智能化的分析和预测。例如，利用机器学习算法对大数据进行模式识别和分类，可以帮助企业发现潜在的市场机会和风险；利用深度学习技术对图像和视频数据进行处理和分析，可以实现智能监控和安防等应用。

其次，大数据技术为人工智能提供了更加丰富的数据源。人工智能的发展离不开大量的数据支持，而大数据技术能够收集、存储和处理各种类型的数据，包括结构化数据、非结构化数据及实时数据流等。这些数据为人工智能提供了丰富的训练样本和测试数据，使得模型能够学习到更加全面的知识。

此外，人工智能与大数据的融合还推动了新兴技术的发展。例如，边缘计算技术通过将数据处理和分析的能力下沉到设备端，实现了对实时数据的快速响应和处理；图计算技术则通过构建图结构的数据模型，能够揭示数据之间的复杂关系和模式。这些新兴技术的发展进一步推动了人工智能与大数据的融合，为各个领域的应用提供了更加高效和智能的解决方案。

综上所述，人工智能与大数据技术的融合呈现出智能化、数据源丰富化和新兴技术推动等趋势。这些趋势不仅将推动两者在技术层面的深度融合，也将为各行各业带来更加智能化和高效化的解决方案。

（三）融合带来的挑战与机遇

人工智能与大数据技术的融合虽然带来了众多机遇，但同时也面临着一些挑战。首先，数据隐私和安全问题成为亟待解决的问题。随着大数据技术的广泛应用，个人和企业的数据被大量收集和处理，如何保护数据的隐私和安全成了一个重要问题。其次，技术的复杂性和高成本也限制了融合的广泛应用。人工智能和大数据技术的实现需要专业的技术团队和昂贵的设备支持，这对于一些中小企业和机构来说是一个不小的负担。

然而，尽管面临挑战，人工智能与大数据技术的融合仍然带来了巨大的机遇。首先，它推动了各行各业的数字化转型和创新发展。通过利用人工智能和大数据技术，企业可以实现对业务流程的优化和升级，提高生产效率和降低成本。其次，它也为政府和社会治理提供了更加智能化和高效化的手段。例如，通过利用大数据技术对城市交通、环境监测等领域进行实时分析和预测，政府可以制定更加科学和合理的城市规划和管理策略。

为了克服挑战并抓住机遇，我们需要加强技术研发和人才培养，推动人工智能与大数据技术的深度融合。同时，我们也需要加强法律法规的制定和执行，保障数据的隐私和安全。此外，我们还需要加强跨界合作和共享，推动人工智能与大数据技术在更多领域的应用和发展。

综上所述，人工智能与大数据技术的融合带来了众多机遇和挑战。我们需要积极应对挑战并抓住机遇，推动两者在更多领域的应用和发展，为社会进步和经济发展做出更大的贡献。

第三节　人工智能与大数据在不同领域的应用现状

一、商业领域的应用案例

（一）电子商务的个性化推荐系统

在电子商务领域，个性化推荐系统已经成为提升用户体验和销售业绩的关键技术。

这背后，大数据与人工智能的融合发挥了至关重要的作用。

以某知名电商平台为例，其个性化推荐系统基于用户的历史购买记录、浏览行为、搜索关键词等大数据，通过机器学习算法分析用户的兴趣和偏好。当用户登录平台时，系统会根据分析结果实时推荐相关的商品，如"猜您喜欢"的商品列表或个性化的广告推送。这种精准的推荐不仅提升了用户的购物体验，还显著增加了平台的销售额。

随着技术的不断进步，该平台还引入了深度学习技术，对用户的购买行为进行更加深入的挖掘和预测。例如，通过分析用户的购买历史和浏览行为，系统可以预测用户未来可能感兴趣的商品类型或品牌，从而提前进行库存调整或促销活动规划。

此外，该平台还通过云计算平台实现了大数据的高效处理和分析。云计算平台提供了强大的计算能力和存储空间，使得平台能够实时处理海量的用户数据，并快速调整推荐策略。

（二）金融行业的风险评估与信用管理

在金融行业，风险评估与信用管理是保障业务安全和稳定的重要环节。大数据与人工智能的融合为金融机构提供了更加高效和准确的风险评估和信用管理手段。

以某大型银行为例，其风险评估系统基于客户的历史交易记录、信用记录、财务状况等大数据，通过机器学习算法对客户进行信用评分和风险等级划分。系统能够自动识别潜在的风险因素，如异常交易、逾期还款等，并及时向风险管理部门发出预警。

同时，该银行还利用深度学习技术对客户的信用状况进行更加深入的挖掘和预测。通过构建复杂的神经网络模型，系统可以分析客户的消费行为、社交网络等多维度信息，从而更准确地评估客户的信用水平和还款能力。

在信用管理方面，该银行利用大数据技术对客户的信用记录进行实时监控和更新。一旦客户出现逾期还款或违约行为，系统会立即进行记录并调整其信用评分。这种实时的信用管理机制有助于银行及时发现潜在的风险并采取相应的风险控制措施。

（三）零售业的智能库存管理与供应链优化

在零售业，智能库存管理与供应链优化是提高运营效率和降低成本的关键环节。大数据与人工智能的融合为零售商提供了更加智能化的库存管理和供应链优化方案。

以某大型连锁超市为例，其智能库存管理系统基于销售数据、库存数据、供应商数据等大数据，通过机器学习算法预测未来一段时间内的销售趋势和库存需求。系统可以自动计算每种商品的最佳库存量，并根据实际情况进行实时调整。这种智能化的库存管理机制不仅减少了库存积压和浪费，还提高了商品的周转率和销售额。

同时，该超市还利用大数据技术对供应链进行优化。通过分析历史销售数据和供应商数据，系统可以预测未来一段时间内的商品需求量和供应能力。在此基础上，系统可以自动调整采购计划和配送路线，以降低运输成本和提高配送效率。

此外，该超市还引入了人工智能技术对库存和供应链进行实时监控和预警。一旦库存量低于预设的安全阈值或供应链出现异常情况，系统会立即发出预警并采取相应的应对措施。这种实时的监控和预警机制有助于超市及时发现潜在的问题并采取相应的解决方案。

综上所述，大数据与人工智能的融合在商业领域的应用案例丰富多样。无论是电子商务的个性化推荐系统、金融行业的风险评估与信用管理还是零售业的智能库存管理与供应链优化，都体现了两者融合带来的巨大商业价值和社会效益。随着技术的不断进步和应用场景的不断拓展，相信未来会有更多的商业领域受益于大数据与人工智能的融合。

二、社会治理领域的应用实践

随着信息技术的迅猛发展，大数据与人工智能技术的融合为社会治理领域带来了前所未有的变革。这些技术的运用不仅提升了社会治理的效率和准确性，也为解决一些复杂的社会问题提供了新的思路和方法。下面，我们将从三个方面探讨大数据与人工智能在社会治理领域的应用实践。

（一）公共安全管理与风险防控

公共安全是社会治理的重要组成部分，而大数据与人工智能技术的应用为公共安全管理和风险防控提供了有力支持。在交通管理方面，通过收集和分析交通流量、事故发生率等数据，可以实时预测交通拥堵情况，优化交通路线和信号灯控制策略，提高道路通行效率。同时，利用人脸识别、车辆识别等技术，可以实现对交通违法行为的自动识别和处罚，有效减少交通事故的发生。

在治安防控方面，大数据和人工智能的应用也发挥了重要作用。通过收集和分析治安案件、犯罪嫌疑人的数据，可以建立犯罪预警模型，预测犯罪发生的可能性和趋势，为警方提供有针对性的巡逻和布控方案。此外，利用人工智能技术还可以对监控视频进行智能分析，自动识别异常行为和可疑人员，提高治安防控的效率和准确性。

（二）智慧城市建设与管理

智慧城市建设是现代社会治理的重要方向之一，而大数据与人工智能技术的应用为智慧城市建设提供了有力支撑。在城市规划方面，通过收集和分析城市人口、交通、环境等数据，可以制定更加科学合理的城市规划方案，优化城市空间布局和资源配置。在公共服务方面，利用大数据和人工智能技术可以实现对公共资源的智能调度和分配，提高公共服务的效率和质量。例如，通过智能停车系统可以实时掌握停车位的使用情况，为市民提供便捷的停车服务；通过智能医疗系统可以实现医疗资源的优化配置和患者的快速就医。

此外，智慧城市建设还需要注重数据的安全和隐私保护。在收集和使用个人数据时，必须遵守相关法律法规，确保数据的合法性和安全性。同时，还需要加强数据共享和开放，促进政府、企业和社会组织之间的合作与交流，推动智慧城市的可持续发展。

（三）社会政策制定与决策支持

社会政策制定是社会治理的重要任务之一，而大数据与人工智能技术的应用为政策制定提供了科学依据和决策支持。在政策制定过程中，可以通过收集和分析社会、经济、文化等多方面的数据，深入了解社会问题的本质和根源，为政策制定提供有针对性的建议和方案。同时，利用人工智能技术还可以对政策实施效果进行实时监测和评估，及时调整和优化政策措施，确保政策目标的实现。

在政策决策方面，大数据和人工智能的应用也发挥了重要作用。通过对海量数据的分析和挖掘，可以发现隐藏在数据背后的规律和趋势，为决策者提供更加全面和深入的信息支持。此外，还可以利用人工智能技术建立决策支持系统，实现决策的自动化和智能化，提高决策效率和准确性。

然而，我们也应该清醒地认识到，大数据与人工智能技术的应用在社会治理领域还存在一些挑战和问题。例如，数据的质量和准确性直接影响分析结果的可靠性；技术的复杂性和高成本限制了其在一些地区的普及和应用；同时，如何平衡数据安全与隐私保护也是一个亟待解决的问题。因此，在应用大数据与人工智能技术时，我们需要充分考虑这些挑战和问题，制定科学合理的应用策略和措施，确保技术的有效性和可持续性。

综上所述，大数据与人工智能技术在社会治理领域的应用实践具有广阔的前景和潜力。通过充分发挥这些技术的优势和作用，我们可以推动社会治理的现代化和智能化进程，提高社会治理的效率和准确性，为构建和谐稳定的社会环境做出积极贡献。

三、科学研究领域的应用进展

随着大数据和人工智能技术的飞速发展，科学研究领域正经历着前所未有的变革。这些技术的深度融合不仅加速了科研进程，也为我们理解世界提供了全新的视角。以下，我们将从三个方面探讨大数据与人工智能在科学研究领域的应用进展。

（一）生物医药领域的创新应用

生物医药领域一直是科研的重要阵地，而大数据与人工智能技术的应用则为这一领域带来了革命性变化。在药物研发方面，传统的方法往往需要耗费大量的时间和资源，而基于大数据和人工智能的药物发现技术则能显著提高研发效率。通过收集和分析海量的生物分子数据，科研人员能够预测药物与生物分子的相互作用，从而筛选出具有潜在疗效的药物候选物。这不仅缩短了药物研发周期，也降低了研发成本。

在基因编辑领域，CRISPR 技术已经成为一种强大的基因编辑工具。结合人工智能技术，科研人员可以实现对基因组的精准编辑，为治疗遗传性疾病提供了新的可能。此外，人工智能还能够在基因测序数据分析中发挥重要作用，帮助科研人员快速识别与疾病相关的基因变异。

（二）物理与材料科学领域的突破

物理与材料科学领域同样受益于大数据与人工智能的应用。在物理学研究中，科研人员面临着海量的实验数据和复杂的物理模型。借助人工智能技术，科研人员可以对这些数据进行高效处理和分析，从而揭示出隐藏在数据背后的物理规律。例如，通过机器学习算法对粒子加速器产生的数据进行分析，科研人员能够更深入地理解基本粒子的性质和相互作用。

在材料科学领域，大数据和人工智能的应用为新材料的设计和开发提供了有力支持。科研人员可以通过收集和分析各种材料的性能数据，建立材料性能预测模型。这些模型能够帮助科研人员快速筛选出具有优良性能的材料候选物，为新材料的研发提供指导。此外，人工智能还可以用于优化材料的制备工艺，提高材料的性能和稳定性。

（三）环境科学与气候变化研究的深化

环境科学与气候变化研究是全球关注的重大问题，而大数据与人工智能的应用为这一领域的研究提供了新的手段。通过收集和分析全球范围内的气候数据、环境数据及人类活动数据，科研人员能够更准确地评估气候变化的影响和趋势。同时，人工智能技术还可以用于构建气候预测模型，为应对气候变化提供科学依据。

在生态保护方面，大数据和人工智能也发挥着重要作用。科研人员可以利用卫星遥感技术和地面观测数据，对生态系统的健康状况进行实时监测和评估。通过机器学习算法对生态数据进行分析，科研人员可以识别出生态系统中的关键物种和关键过程，为生态保护提供有针对性的建议。

此外，大数据与人工智能的应用还为科研合作与交流提供了便利。科研人员可以通过网络平台共享数据和研究成果，促进全球范围内的科研合作。这种合作不仅有助于加快科研进程，还能够推动科研领域的创新和发展。

然而，我们也应该认识到，大数据与人工智能在科学研究领域的应用仍面临一些挑战和问题。例如，数据的质量和可靠性、算法的准确性和可解释性、伦理和隐私保护等问题都需要我们进一步关注和解决。未来，随着技术的不断进步和完善，相信这些问题将逐渐得到解决，大数据与人工智能在科学研究领域的应用将更加广泛和深入。

综上所述，大数据与人工智能在科学研究领域的应用进展显著，为科研提供了强大的支持。随着技术的不断发展和完善，相信这些技术将在未来为科研领域带来更多的创新和突破。

第四节　人工智能与大数据的发展趋势

一、人工智能技术创新的未来方向

随着科技的飞速发展，人工智能（AI）技术已经渗透到我们生活的方方面面，从智能家居到自动驾驶，从医疗诊断到金融投资，AI 的应用无处不在。然而，尽管我们已经取得了显著的进步，但人工智能技术的发展仍然有着广阔的空间和巨大的潜力。下面将探讨人工智能技术创新的未来方向，包括认知智能、跨模态学习，以及可信与可解释的人工智能。

（一）认知智能的发展

认知智能是人工智能领域的一个重要研究方向，旨在使机器能够像人类一样理解、推理和解决问题。未来的认知智能研究将更加注重模拟人类的思维过程，包括直觉、联想和创造性思维等。通过深入研究人类大脑的工作机制，我们可以设计更先进的算法和模型，使机器能够更好地理解和处理复杂的信息。

此外，认知智能还将更加注重多模态信息的融合和处理。在现实世界中，我们接收到的信息往往是多种多样的，包括文字、图像、声音等。未来的认知智能系统需要能够同时处理和分析这些不同模态的信息，从而更准确地理解用户的意图和需求。

（二）跨模态学习的突破

跨模态学习是人工智能领域的另一个重要研究方向，旨在解决不同模态数据之间的关联和转换问题。未来的跨模态学习研究将更加注重不同模态数据之间的深层联系和共同特征。通过构建更加复杂的模型和算法，我们可以实现不同模态数据之间的无缝转换和融合，从而进一步提高人工智能系统的性能和效率。

此外，跨模态学习还将更加注重在实际场景中的应用。例如，在医疗领域，跨模态学习可以帮助医生将患者的影像数据和病历信息结合起来，进行更准确的诊断和治疗。在自动驾驶领域，跨模态学习可以使车辆同时处理和分析道路图像、声音信号及雷达数据等多种信息，从而提高自动驾驶的安全性和可靠性。

（三）可信与可解释的人工智能

随着人工智能技术的广泛应用，人们对于其可信度和可解释性的需求也日益增长。未来的可信与可解释的人工智能研究将更加注重提高 AI 系统的透明度和可预测性。通过构建更加清晰的模型和算法，我们可以使 AI 系统的决策过程更加易于理解。

此外，可信与可解释的人工智能还将更加注重保障用户的隐私和权益。在数据采集和处理过程中，我们需要严格遵守相关法律法规和伦理规范，确保用户数据的安全性和隐私性。同时，我们还需要建立更加完善的监管和评估机制，对 AI 系统的性能和风险进行全面评估和控制。

综上所述，认知智能、跨模态学习及可信与可解释的人工智能是人工智能技术创新的未来方向。这些方向的研究将推动人工智能技术的不断发展和进步，为我们带来更加智能、高效和安全的未来生活。然而，我们也需要意识到，这些技术的发展并非一蹴而就，需要我们在理论研究、技术创新和实际应用等多个方面持续努力和探索。同时，我们还需要关注人工智能技术的伦理和社会影响，确保技术的发展能够真正造福人类社会。

展望未来，我们有理由相信，随着人工智能技术的不断创新和发展，我们将能够创造出更加智能、高效和人性化的产品和服务，为人类社会的发展和进步贡献更大的力量。同时，我们也需要保持谨慎和理性的态度，认真对待人工智能技术的发展带来的挑战和问题，积极寻求解决方案和途径，确保人工智能技术的发展能够健康、可持续地推进。

二、人工智能应用领域的拓展预测

人工智能（AI）技术的迅猛发展已经深刻改变了我们生活的各个领域。从医疗、教育到交通、娱乐，AI 的广泛应用正在不断提升人们的生活质量和效率。随着技术的不断进步和应用的深入，我们可以预见，未来 AI 将在更多领域发挥重要作用，实现更加广泛和深入的应用。

（一）智能医疗的深化应用

在医疗领域，人工智能技术的应用已经取得了显著成果。未来，随着医疗数据的不断积累和算法的不断优化，AI 在医疗领域的应用将更加深化和广泛。

一方面，AI 将进一步提高医疗诊断的准确性和效率。通过深度学习和大数据分析，AI 可以辅助医生快速识别病症，提供个性化的治疗方案。此外，AI 还可以对海量医疗文献进行挖掘和分析，帮助医生了解最新的研究进展和治疗方法。

另一方面，AI 将在医疗管理和服务方面发挥更大作用。例如，通过智能排班系统，医院可以优化医护人员的工作安排，提高医疗资源的利用效率；通过智能导诊系统，患者可以更加便捷地获取医疗信息和服务，提升就医体验。

（二）智能交通的全面升级

随着城市化进程的加速和交通拥堵问题的日益严重，智能交通系统的建设和发展显得尤为重要。未来，人工智能将在智能交通领域发挥更加重要的作用，实现交通系统的全面升级。

一方面，AI 将提升交通管理的智能化水平。通过实时监控和分析交通数据，AI 可以预测交通流量和拥堵情况，为交通管理部门提供科学的决策依据。同时，AI 还可以优化交通信号灯的控制策略，提高道路通行效率。

另一方面，AI 将推动自动驾驶技术的快速发展。随着传感器、计算机视觉等技术的不断进步，自动驾驶汽车已经逐渐从实验室走向市场。未来，AI 将进一步提升自动驾驶系统的安全性和可靠性，使自动驾驶汽车成为城市交通的重要组成部分。

（三）智能教育的创新变革

教育是培养人才、推动社会进步的重要基石。随着人工智能技术的不断发展，智能教育将成为教育领域的重要创新方向。

一方面，AI 将实现个性化教育的普及。通过分析学生的学习行为和成绩数据，AI 可以为每个学生提供量身定制的学习计划和资源推荐，帮助学生更好地发挥自身潜力。同时，AI 还可以根据学生的学习进度和反馈情况，动态调整教学内容和方法，提高教学效果。

另一方面，AI 将推动教育资源的优化配置。通过在线教育平台，优质的教育资源可以突破地域限制，实现更加广泛地共享和利用。同时，AI 还可以对教育资源进行智能分析和推荐，帮助教师和学生更加高效地获取和使用这些资源。

此外，AI 还将在教育评估和管理方面发挥重要作用。通过智能评估系统，教师可以更加客观、全面地评价学生的学习成果和能力水平；通过智能管理系统，学校可以更加高效地管理教学资源和教学过程，提高教育质量和管理水平。

除了上述几个领域外，人工智能还将在金融、农业、制造业等多个领域发挥重要作用。例如，在金融领域，AI 可以帮助银行识别欺诈行为、评估贷款风险；在农业领域，AI 可以通过精准农业技术提高作物产量和质量；在制造业领域，AI 可以优化生产流程、提高生产效率。

然而，我们应该清醒地认识到，人工智能技术的应用也面临着一些挑战和问题。例如，数据安全和隐私保护问题、算法公平性和透明度问题，以及 AI 技术的伦理和社会影响问题等都需要我们认真对待和解决。因此，在推动人工智能应用领域拓展的同时，我们也需要加强相关法规的制定和执行，确保人工智能技术的健康发展和社会福祉的最大化。

综上所述，未来人工智能将在医疗、交通、教育等多个领域实现更加广泛和深入的应用。随着技术的不断进步和应用场景的不断拓展，我们有理由相信，人工智能将为人类社会带来更多的创新和变革，推动我们进入一个更加智能、高效和美好的未来。

三、人工智能社会影响与伦理挑战

随着人工智能技术的迅猛发展，其在社会各个领域的应用日益广泛，对人们的生活、工作乃至思维方式产生了深远影响。然而，与此同时，人工智能也带来了诸多社会影响和伦理挑战，这些问题值得我们深思和探讨。

（一）就业市场的重塑与劳动力结构变化

人工智能技术的广泛应用对就业市场产生了深刻影响。一方面，AI技术替代了部分传统职业，导致一些岗位的消失；另一方面，AI技术也催生了新的职业和产业，为就业市场带来了新的机遇。这种就业市场的重塑和劳动力结构变化，既带来了生产力的提升和经济效益的增加，也引发了人们对失业问题的担忧和对未来职业发展的不确定性。

在应对这一挑战时，我们需要加强职业培训和教育，提升劳动者的技能和素养，使其适应新的就业市场需求。同时，政府和社会各界也应积极探索新的就业模式和政策，为劳动者提供更多的就业机会和保障。

（二）隐私与数据安全问题

人工智能技术的发展离不开大数据的支持，而数据的收集、存储和处理过程中往往涉及个人隐私和安全问题。一些不法分子可能利用AI技术进行非法侵入、数据窃取或滥用个人信息等行为，对个人隐私造成严重威胁。此外，随着AI技术的普及，人们在享受便利的同时，也可能不自觉地泄露个人信息，进一步加剧了隐私泄露的风险。

为了解决这一问题，我们需要加强数据保护和隐私立法，规范数据收集、存储和使用的过程。同时，企业和个人也应增强隐私保护意识，采取必要的安全措施，确保个人信息的安全。

（三）算法偏见与决策公正性

人工智能的决策过程往往依赖算法和模型，而这些算法和模型在设计和训练过程中可能受到各种因素的影响，导致决策结果存在偏见和不公正性。例如，一些招聘算法可能因历史数据中的性别、种族等偏见而导致不公平的招聘结果；一些司法算法可能因数据不完整或模型缺陷而导致误判或偏见性判决。

为了确保AI决策的公正性和公平性，我们需要加强对算法和模型的监管和审查，确保其符合伦理和法律要求。同时，我们还需要推动算法透明化和可解释性的研究和实践，使算法决策过程更加公正、透明和可信。

此外，人工智能还带来了一些其他伦理挑战，如智能武器的使用、自主机器人的权利与责任等问题。这些挑战涉及人类价值观、道德观念和社会责任等多个方面，需要我们进行深入研究和探讨。

面对人工智能带来的社会影响和伦理挑战，我们需要采取综合性的应对措施。首先，政府应加强对人工智能技术的监管和规范，制定和完善相关法律法规，确保技术的健康发展和社会福祉的最大化。其次，企业和研究机构应积极推动技术创新和伦理研究，提升AI技术的可靠性和安全性。同时，社会各界也应加强公众教育和宣传，提高公众对人工智能技术的认识和理解，促进人机和谐共生。

　　综上所述，人工智能的社会影响和伦理挑战是我们在推进技术发展过程中必须面对的重要问题。通过加强监管、推动创新、提升公众意识等多方面的努力，我们可以更好地应对这些挑战，实现人工智能技术的可持续发展和社会福祉的共同提升。同时，我们也应认识到，这些挑战并非不可逾越的障碍，而是推动我们不断前进的动力。在未来的发展中，我们应积极探索新的解决方案和途径，为人工智能技术的健康发展和社会进步贡献智慧和力量。

第二章

人工智能基础理论与技术

第一节　人工智能的基本概念与分类

一、人工智能的定义与内涵

人工智能（Artificial Intelligence，简称 AI）是计算机科学的一个分支，旨在研究、开发能够模拟、延伸和扩展人类智能的理论、方法、技术及应用系统。它结合了数学、计算机科学、心理学等多学科理论，通过让计算机模拟人类的思考和行为过程，实现人机交互，提高计算机的智能水平，以更好地服务人类社会。

（一）人工智能的定义

人工智能的定义经历了多个阶段的演变。最初，人们认为人工智能就是使机器具备类似于人类的思考和决策能力。随着技术的不断发展，人工智能的定义逐渐扩展，涵盖了更广泛的内容。如今，人工智能被定义为一种能够执行复杂任务、理解并适应新环境、学习并改进自身性能的智能系统。它不仅包括传统的逻辑推理、专家系统等，还涵盖了机器学习、深度学习、自然语言处理等新兴技术。

（二）人工智能的内涵

人工智能的内涵十分丰富，可以从多个角度进行解读。首先，人工智能是一种智能模拟。它试图通过计算机程序来模拟人类的思维过程，实现类似于人类的认知、学习、推理和决策等功能。这种模拟并不是简单地复制，而是在理解人类智能本质的基础上，通过计算机技术的手段进行再现和扩展。

其次，人工智能是一种技术创新。它结合了计算机科学、数学、心理学等多个学科的理论和方法，通过不断地创新和发展，推动了计算机技术的进步和应用领域的拓展。人工智能技术的发展不仅提高了计算机的智能水平，还为各个行业带来了革命性的变革。

再次，人工智能是一种社会应用。它广泛应用于各个领域，如医疗、教育、交通、金融等，为人们的生活带来了极大的便利。通过人工智能技术的应用，人们可以更加高效地处理信息、解决问题，提高生活质量和工作效率。

最后，人工智能还是一种伦理挑战。随着人工智能技术的不断发展，人们开始关注其对社会、伦理和道德的影响。如何确保人工智能技术的安全和可控性、如何平衡人工智能与人类的关系等问题，成为人们关注的焦点。

（三）人工智能的发展历程

人工智能的发展历程可以追溯到 20 世纪 50 年代。在这一时期，人们开始探索如何让计算机模拟人类的思考和决策过程，涌现出了一批早期的 AI 研究者和成果。然而，由于技术水平和计算能力的限制，这些尝试大多未能取得显著的进展。

进入 20 世纪 80 年代后，随着计算机技术的快速发展和算法的不断优化，人工智能迎来了新的发展机遇。机器学习、专家系统等技术的兴起，使得人工智能在语音识别、图像识别等领域取得了突破性进展。同时，人工智能也开始逐渐应用于实际生活中，如智能机器人、智能家居等产品的出现，为人们的生活带来了便利。

进入 21 世纪后，人工智能的发展进入了一个全新阶段。深度学习技术的兴起和大数据的广泛应用，为人工智能的发展提供了强大的动力。在这一时期，人工智能在各个领域的应用不断扩展和深化，成为推动社会进步的重要力量。

然而，尽管人工智能已经取得了显著的进展，但我们仍然面临着许多挑战和问题。如何进一步提升人工智能的智能水平、如何确保人工智能技术的安全和可控性、如何平衡人工智能与人类的关系等问题，仍然需要我们进行深入研究和探讨。

综上所述，人工智能是一种模拟、延伸和扩展人类智能的理论、方法和技术。它不仅具有丰富的内涵和广泛的应用领域，还面临着诸多挑战和问题。在未来的发展中，我们需要不断推动人工智能技术的创新和进步，同时关注其对社会、伦理和道德的影响，确保人工智能技术能够为人类社会的发展和进步做出更大的贡献。

二、不同流派与分类方法

人工智能作为一门涉及多个学科领域的综合性学科，其研究和发展过程中涌现出了多种流派和分类方法。这些流派和分类方法不仅反映了人工智能的多样性和复杂性，也为人们深入理解和应用人工智能技术提供了不同的视角和思路。

（一）符号主义流派

符号主义流派是人工智能领域中的一个重要分支，它认为人工智能起源于数理逻辑。符号主义认为人工智能的核心是知识表示和知识推理，即通过将人类知识转化为计算机可处理的符号形式，并利用符号运算来模拟人类的思维过程。这一流派强调知识的重要性，认为知识的获取、表示和推理是实现人工智能的关键。符号主义流派的研究重点包括知识表示方法、推理机制、搜索算法等，其研究成果在逻辑推理、专家系统等领域有着广泛的应用。

符号主义流派的主要贡献在于它提出了一种基于知识的智能模拟方法，为人工智能的发展奠定了理论基础。然而，符号主义流派也面临着一些挑战和局限性，如知识获取的困难、推理效率的低下等问题。因此，在实际应用中，符号主义流派往往需要与其他流派和技术相结合，以克服这些局限性。

（二）联结主义流派

联结主义流派是人工智能领域的另一个重要分支，它认为人工智能起源于仿生学，特别是对人脑模型的研究。联结主义流派强调神经网络及神经网络间的连接机制与学习算法的重要性。它认为通过模拟人脑神经元的连接方式和信息处理方式，可以构建出具有强大学习和处理能力的神经网络模型。这一流派的研究重点包括神经网络的拓扑结构、学习算法、优化技术等，其研究成果在模式识别、自然语言处理等领域取得了显著进展。

联结主义流派的主要优势在于其强大的学习和处理能力，能够处理复杂的非线性问题和大规模数据集。然而，它也存在一些局限性，如网络结构的确定、学习算法的收敛速度等问题。因此，在实际应用中，联结主义流派需要不断优化和改进其技术和方法，以更好地发挥其优势。

（三）行为主义流派

行为主义流派强调智能取决于感知和行动，认为智能体通过与环境的交互作用来表现出智能行为。这一流派的研究重点包括感知与行动的控制机制、智能体的自适应学习等。行为主义流派的研究成果在机器人技术、自动驾驶等领域有着广泛地应用。

行为主义流派的主要优势在于其强调智能体与环境的交互作用，能够处理动态和不确定环境下的任务。然而，它也存在一些挑战和限制，如何准确感知环境信息、如何有效控制智能体的行为等问题。因此，行为主义流派需要不断探索新的感知和控制技术，以提高智能体的性能和适应能力。

除了上述三个主要流派外，人工智能领域还存在其他一些流派和分类方法。例如，根据应用领域的不同，可以将人工智能分为医疗智能、教育智能、金融智能等；根据技术实现方式的不同，可以将人工智能分为机器学习、深度学习、强化学习等。这些不同的流派和分类方法为人们提供了多样化的视角和工具来研究和应用人工智能技术。

综上所述，人工智能领域的不同流派和分类方法反映了其多样性和复杂性。符号主义流派强调知识的重要性，联结主义流派强调神经网络的学习和处理能力，行为主义流派强调智能体与环境的交互作用。这些流派各具特色，各有优劣，在实际应用中需要根据具体任务和需求选择合适的流派和技术。同时，随着人工智能技术的不断发展和创新，未来还将涌现出更多新的流派和分类方法，为人工智能的研究和应用提供更加广阔的空间和可能。

三、人工智能的核心问题与挑战

随着科技的飞速发展，人工智能（AI）逐渐渗透到我们生活的每一个角落，从智能手机到自动驾驶汽车，从智能家居到医疗诊断，其影响力无处不在。然而，这一领域的快速发展也带来了诸多核心问题和挑战，需要我们深入思考和解决。

（一）算法的可解释性与透明度问题

人工智能的核心在于其算法和模型，这些算法和模型通过大量的数据训练和学习，最终能够执行复杂的任务。然而，这些算法和模型的工作过程往往是一个"黑箱"，其决策和推理过程难以被人类理解和解释。这导致了算法的不透明性和不可预测性，使得人们难以信任 AI 系统的决策和结果。

这一问题在医疗、金融等关键领域尤为突出。例如，在医疗领域，AI 系统可能用于诊断疾病或推荐治疗方案，但如果其决策过程不透明，医生和患者可能难以信任其准确性。在金融领域，AI 系统的决策可能影响到贷款审批、投资决策等关键环节，缺乏透明度的算法可能导致不公平或歧视性的结果。

因此，提高算法的可解释性和透明度成为人工智能领域的重要挑战。研究者们正在探索各种方法，如可视化技术、特征重要性分析等，来打开算法的"黑箱"，使其决策过程更加清晰和可理解。

（二）数据隐私与安全问题

人工智能的发展离不开大数据的支持，然而，数据的收集、存储和使用过程中往往涉及隐私和安全问题。一方面，AI 系统需要大量的个人数据来进行训练和优化，这些数据可能包含用户的个人信息、行为习惯等敏感信息；另一方面，如果这些数据被不当使用或泄露，可能会对用户造成严重的隐私和安全风险。

此外，随着物联网和云计算等技术的发展，数据的安全问题变得更加复杂和严峻。黑客攻击、数据篡改等事件时有发生，给 AI 系统的安全性带来了严重威胁。

因此，保护数据隐私和安全成为人工智能领域的另一大挑战。这需要我们加强数据保护法规的制定和执行，同时也需要发展更加安全的数据存储和传输技术，以及更加有效的数据加密和隐私保护算法。

（三）伦理与道德问题

人工智能的发展也引发了诸多伦理和道德问题。例如，AI 系统可能在决策过程中产生偏见和歧视，这可能会影响到社会的公平和正义。此外，随着 AI 技术的不断发展，我们可能会面临更多的道德困境，如是否应该赋予 AI 系统自主决策权、如何提升 AI 系统的效率等。

这些问题需要我们深入探讨和思考。我们需要制定更加完善的伦理规范和道德准则，来指导 AI 技术的发展和应用。同时，我们也需要加强公众对 AI 技术的教育和普及，提高公众对 AI 技术的认知和理解，以便更好地应对可能出现的伦理和道德问题。

综上所述，人工智能的发展虽然带来了巨大的潜力和机遇，但也面临着诸多核心问题和挑战。算法的可解释性与透明度问题、数据隐私与安全问题及伦理与道德问题等都是我们需要深入研究和解决的关键问题。只有通过不断的技术创新和法规完善，我们才能确保人工智能技术的健康发展，并使其更好地服务于人类社会。

在未来，我们期待看到更多关于人工智能核心问题的研究和讨论，以及更多创新的解决方案的出现。同时，我们也希望公众能够更加关注和理解 AI 技术的发展和应用，以便更好地应对可能出现的挑战和问题。只有这样，我们才能共同推动人工智能技术的健康发展，为人类社会带来更加美好的未来。

第二节 机器学习算法原理与应用

一、机器学习算法基础

机器学习作为人工智能的一个核心分支，旨在使计算机系统能够从数据中学习并自动改进其性能，而无需进行明确的编程。机器学习算法是这一领域的关键组成部分，它们是实现机器学习任务的重要工具。下面我们将对机器学习算法的基础进行深入的探讨，包括其分类、原理及应用。

（一）机器学习算法的分类

机器学习算法可以按照不同的标准进行分类，其中最常见的分类方式是基于学习方式的不同。根据学习方式，机器学习算法可以分为监督学习、无监督学习、半监督学习和强化学习四大类。

监督学习：在监督学习中，算法通过训练集进行学习，训练集包含了输入和对应的输出（即标签）。算法的任务是根据这些已知输入和输出之间的关系，学习一个模型，以便能够对新的、未见过的输入进行预测。常见的监督学习算法包括线性回归、逻辑回归、支持向量机等。

无监督学习：与监督学习不同，无监督学习中的训练集没有标签，算法需要自动从数据中找出隐藏的结构或模式。聚类分析和降维是无监督学习的两个主要任务。常见的无监督学习算法包括 K-均值聚类、层次聚类、主成分分析等。

半监督学习：半监督学习介于监督学习和无监督学习之间，它利用少量的标记数据和大量的未标记数据进行学习。这种学习方式在现实中很常见，因为标记数据通常需要人工标注，成本较高。

强化学习：强化学习是一种通过与环境进行交互来学习的策略。算法在尝试解决某个任务时，会根据环境的反馈（奖励或惩罚）来调整其行为策略，以达到最大化长期奖励的目标。强化学习在游戏 AI、机器人控制等领域有着广泛的应用。

（二）机器学习算法的原理

机器学习算法的原理主要基于统计学和概率论。在监督学习中，算法通过最小化预测值与实际值之间的误差（即损失函数）来优化模型参数。常见的优化算法包括梯度下降、随机梯度下降和 Adam 等。这些算法通过迭代更新模型参数，逐渐减小损失函数的值，从而得到更好的预测性能。

在无监督学习中，算法则主要关注数据的内在结构和模式。例如，在聚类分析中，算法会尝试将数据划分为若干个不同的簇，使得同一簇内的数据相似度高，而不同簇间的数据相似度低。这通常通过计算数据点之间的距离或相似度来实现。

强化学习则涉及策略搜索和值函数估计两个核心问题。策略搜索是指如何根据当前状态选择合适的动作，而值函数估计则是预测在给定策略下未来可能获得的奖励。强化学习算法通过不断地试错和调整策略，逐步找到能够最大化长期奖励的最优策略。

（三）机器学习算法的应用

机器学习算法已经广泛应用于各个领域，包括自然语言处理、计算机视觉、语音识别、推荐系统等。在自然语言处理领域，机器学习算法可以用于文本分类、情感分析、机器翻译等任务；在计算机视觉领域，机器学习算法可以用于图像识别、目标检测、人脸识别等任务；在推荐系统领域，机器学习算法可以根据用户的历史行为和偏好为用户推荐相关的商品或服务。

此外，机器学习算法还在金融、医疗、交通等领域发挥着重要作用。例如，在金融领域，机器学习算法可以用于风险评估、信用评分、股票价格预测等；在医疗领域，机器学习算法可以用于疾病诊断、药物研发、基因组分析等；在交通领域，机器学习算法可以用于交通流量预测、智能驾驶等。

总的来说，机器学习算法是实现机器学习任务的关键工具，它们通过不同的学习方式和原理来处理和分析数据，从而发现数据中的内在规律和模式。随着数据量的不断增长和计算能力的提升，机器学习算法将在更多领域发挥重要作用，推动人工智能技术的不断发展和创新。

二、监督学习与非监督学习

在机器学习的众多分支中，监督学习与非监督学习是最为基础且应用广泛的两种学习方式。它们各自拥有独特的原理、方法及应用场景，对于解决不同的现实问题具有重要的意义。下面我们将深入探讨监督学习与非监督学习的核心概念、技术特点及实际应用。

（一）监督学习

监督学习是机器学习中的一个重要分支，其主要特点是训练数据集中包含了已知的输出或标签。在学习过程中，算法通过比较预测输出与实际标签之间的差异，来优化模型的参数，以提高对未来数据的预测准确性。

1. 核心概念与技术特点

监督学习的核心在于利用已知标签的数据来训练模型。在训练过程中，算法会尝试找到输入与输出之间的最佳映射关系，以便能够准确地对新数据进行预测。这种映射关系通常表现为一个复杂的函数，该函数能够根据输入特征计算出相应的输出值。

监督学习的主要技术特点包括：

需要大量的带标签数据：监督学习的效果在很大程度上取决于训练数据的数量和质量。充足的标签数据可以帮助算法更好地学习输入与输出之间的关系。

适用于分类与回归问题：监督学习在解决分类和回归问题方面具有显著优势。分类问题涉及将输入数据划分为不同的类别，而回归问题则涉及预测连续的输出值。

2. 实际应用

监督学习在现实生活中的应用广泛，包括但不限于以下领域。

图像识别：通过训练大量的带标签图像数据，监督学习算法可以识别出图像中的物体、场景或人脸等。

语音识别：利用带标签的语音数据，监督学习算法可以将语音信号转换为文本信息，实现语音到文字的转换。

信用评分：根据个人的信用历史、收入状况等特征，监督学习算法可以预测其未来的信用评分，为金融机构提供决策支持。

（二）非监督学习

与监督学习不同，非监督学习在训练过程中不依赖带标签的数据。它主要关注数据的内在结构和模式，通过聚类、降维等方法来发现数据中的隐藏信息。

1. 核心概念与技术特点

非监督学习的核心概念在于从无标签的数据中发现潜在的结构和模式。它不需要预先定义输出或标签，而是通过算法自动地将数据划分为不同的簇或类别，或者提取出数据的主要特征。

非监督学习的主要技术特点包括：

无需带标签数据：非监督学习不依赖带标签的训练数据，因此可以应用于更广泛的数据集。

强调数据的内在结构：非监督学习关注数据的内在规律和模式，通过聚类、降维等方法揭示数据的本质特征。

2. 实际应用

非监督学习在多个领域具有实际应用价值，例如：

市场细分：通过对消费者行为、偏好等数据进行非监督学习，企业可以将市场划分为不同的细分群体，以便制定更精准的营销策略。

异常检测：非监督学习算法可以识别出与正常数据模式不符的异常数据，用于网络安全、金融欺诈等领域的检测。

特征提取：在图像和信号处理中，非监督学习算法可以帮助提取出数据的主要特征，为后续的分类、识别等任务提供支持。

（三）监督学习与非监督学习的比较与融合

监督学习与非监督学习各有优势，适用于不同的场景和需求。监督学习在具有明确标签的数据集上表现优秀，能够准确地进行预测和分类；而非监督学习则擅长处理无标签数据，能够发现数据的内在结构和模式。

在实际应用中，有时需要将监督学习与非监督学习进行融合，以充分利用两种方法的优势。例如，可以先使用非监督学习对数据进行聚类或降维处理，提取出主要特征；然后再利用这些特征进行监督学习，以提高预测的准确性。此外，半监督学习也是一种融合监督学习与非监督学习的方法，它利用少量的带标签数据和大量的无标签数据进行训练，既发挥了监督学习的预测能力，又充分利用了无标签数据的信息。

综上所述，监督学习与非监督学习是机器学习中两种重要的学习方式。它们各自具有独特的原理、技术特点及应用场景，对于解决实际问题具有重要的价值。随着技术的不断发展，我们有理由相信，监督学习与非监督学习将在更多领域发挥更大的作用，推动人工智能技术的不断进步。

三、机器学习在 AI 中的应用实例

机器学习作为人工智能的核心技术之一，已经在多个领域取得了显著的应用成果。从智能语音助手到自动驾驶汽车，从医疗诊断到金融风控，机器学习的应用正在改变我们的生活方式，推动社会的进步。下面我们将通过三个具体的应用实例来探讨机器学习在 AI 中的应用。

（一）智能语音助手

智能语音助手是机器学习在 AI 领域的一个典型应用。这类助手通过语音识别和自然语言处理技术，能够理解用户的语音指令，并做出相应的回应或执行任务。例如，苹果的 Siri、谷歌的 Assistant 和亚马逊的 Alexa 等，都是广受欢迎的智能语音助手。

在智能语音助手的背后，机器学习技术发挥了关键作用。首先，语音识别技术需要训练大量的语音数据，使模型能够准确地将语音信号转换为文本信息。这涉及深度学习和神经网络的复杂算法，通过不断地优化和调整，提高识别的准确性和鲁棒性。

其次，自然语言处理技术使得智能语音助手能够理解和解析用户的指令。通过训练大量的文本数据，机器学习模型能够学习到语言的规则和模式，从而实现对自然语言的准确理解。这使得智能语音助手能够执行各种复杂的任务，如查询天气、播放音乐、设置提醒等。

智能语音助手的应用不仅提高了用户体验，也促进了智能家居、智能办公等领域的发展。用户可以通过简单的语音指令控制家居设备、查询信息或进行在线购物，极大地提高了生活的便捷性。

（二）自动驾驶汽车

自动驾驶汽车是机器学习在 AI 领域的另一个重要应用。这类汽车通过感知、决策

和执行等模块，实现了在无需人工干预的情况下自主驾驶。机器学习在自动驾驶汽车的感知和决策过程中起到了关键作用。

在感知方面，自动驾驶汽车利用传感器（如摄像头、雷达和激光雷达）收集周围环境的信息。机器学习算法对这些信息进行处理和分析，提取出车辆、行人、道路标志等关键要素，为决策系统提供准确的输入。

在决策方面，自动驾驶汽车需要根据感知到的环境信息做出合适的驾驶决策。这涉及复杂的路径规划、避障和预测其他车辆行为等任务。机器学习算法通过学习大量的驾驶数据和交通规则，能够自主地进行决策和判断，确保车辆在复杂的交通环境中安全行驶。

自动驾驶汽车的应用不仅提高了道路安全和交通效率，也为人们提供了更加舒适和便捷的出行方式。随着技术的不断进步，自动驾驶汽车有望在未来成为主流交通工具之一。

（三）医疗诊断

医疗诊断是机器学习在 AI 领域的另一个重要应用领域。传统的医疗诊断往往依赖医生的经验和专业知识，但受限于个体的主观性和经验差异，诊断结果可能存在一定的误差。而机器学习技术可以通过对大量医疗数据的分析和学习，提高诊断的准确性和效率。

在医疗诊断中，机器学习算法可以应用于图像识别、疾病预测和个性化治疗等多个方面。例如，在医学影像诊断中，机器学习算法可以通过对 CT、MRI 等图像数据的分析，自动识别出肿瘤、病变等异常区域，辅助医生进行准确诊断。

此外，机器学习还可以通过对患者的基因、生活习惯、病史等数据进行挖掘和分析，预测患者患病的风险和趋势，为早期预防和治疗提供科学依据。同时，机器学习还可以根据患者的个体特征，为其制定个性化的治疗方案，提高治疗效果和患者的生活质量。

医疗诊断的机器学习应用不仅提高了诊断的准确性和效率，也解决了医疗资源紧张的问题。通过自动化和智能化的诊断方式，可以减轻医生的工作负担，提高医疗服务的质量和效率。同时，机器学习还可以帮助医生发现新的治疗方法和药物，推动医学科学的进步。

总的来说，机器学习在 AI 中的应用实例不胜枚举，上述只是其中的三个典型例子。这些应用不仅展示了机器学习技术的强大潜力，也为我们提供了一个窥探未来 AI 世界的窗口。随着技术的不断发展和数据的不断积累，我们有理由相信，机器学习将在更多领域发挥更大的作用，为人类创造更加美好的未来。

第三节 深度学习技术及其在人工智能中的应用

一、深度学习的基本原理

深度学习,作为机器学习领域的一个重要分支,近年来在人工智能的各个领域取得了很大突破。它通过构建深度神经网络模型,模拟人脑神经网络的工作方式,从而实现对复杂数据的表示和学习。下面我们将从深度学习的基础概念、网络结构及训练过程等方面,探讨深度学习的基本原理。

(一) 深度学习的基础概念

深度学习的基础在于神经网络,而神经网络又是由大量的神经元相互连接而成的。每个神经元接收来自其他神经元的输入信号,通过一定的权重和激活函数进行处理,然后输出到下一层神经元。这种层级结构使得神经网络能够逐层提取数据的特征,从而实现对复杂数据的表示和学习。

在深度学习中,我们通常使用深度神经网络,即包含多个隐藏层的神经网络。这些隐藏层可以提取输入数据的不同层次的特征,从而构建出更加复杂和抽象的表示。与传统的机器学习算法相比,深度学习能够自动地学习数据的特征表示,而无需进行烦琐的特征工程。

(二) 深度学习的网络结构

深度学习的网络结构多种多样,其中最常见的包括卷积神经网络(CNN)、循环神经网络(RNN)及生成对抗网络(GAN)等。这些网络结构各自具有不同的特点和适用场景。

卷积神经网络主要用于处理图像数据。它通过卷积层、池化层等结构,逐层提取图像的特征,实现对图像的识别、分类等任务。卷积神经网络在图像识别、目标检测等领域取得了显著效果。

循环神经网络则主要用于处理序列数据,如文本、语音等。它通过记忆单元和门控机制,捕捉序列数据中的时序依赖关系,实现对序列的建模和预测。循环神经网络在自然语言处理、语音识别等领域有着广泛地应用。

生成对抗网络则是一种特殊的深度学习模型,通过生成器和判别器的对抗训练,实现对数据的生成和重构。生成对抗网络在图像生成、风格迁移等领域展现出强大的能力。

(三) 深度学习的训练过程

深度学习的训练过程通常包括前向传播、反向传播和参数更新三个步骤。在前向传播阶段，输入数据通过神经网络逐层传递，最终得到输出结果。然后，根据输出结果和真实标签之间的误差，计算损失函数。

在反向传播阶段，损失函数的梯度从输出层逐层反向传播到输入层，计算出每个参数的梯度。这个过程利用了链式法则和梯度下降算法，使得我们能够根据损失函数的梯度来调整神经网络的参数。

最后，在参数更新阶段，根据计算出的梯度，使用优化算法（如梯度下降、Adam等）对神经网络的参数进行更新。通过不断迭代前向传播、反向传播和参数更新的过程，神经网络的性能逐渐提升，直到达到预设的停止条件（如迭代次数、损失函数收敛等）。

深度学习的训练过程需要大量的数据和计算资源。随着数据量的增加和模型复杂度的提高，训练过程可能变得非常耗时和耗能。因此，在实际应用中，我们通常采用一些优化策略来加速训练过程，如使用更高效的优化算法、采用分布式训练等。

此外，深度学习还面临着一些挑战和问题。例如，过拟合是深度学习中一个常见的问题，即模型在训练数据上表现良好，但在测试数据上性能下降。为了缓解过拟合问题，我们可以采用一些正则化方法（如 dropout、L1/L2 正则化等）或增加数据集的多样性。另外，深度学习的可解释性也是一个亟待解决的问题，即如何理解和解释深度学习模型的决策过程和行为。

总的来说，深度学习通过构建深度神经网络模型，实现对复杂数据的表示和学习。其基本原理包括基础概念、网络结构及训练过程等方面。在实际应用中，我们需要根据具体任务和数据特点选择合适的网络结构和训练策略，以充分发挥深度学习的优势。随着技术的不断发展和完善，深度学习将在更多领域展现出其强大的潜力和价值。

二、神经网络与卷积神经网络

神经网络作为人工智能领域的重要分支，近年来在多个领域取得了显著成果。特别地，卷积神经网络（CNN）在图像处理和计算机视觉任务中展现出强大的性能。下面将深入探讨神经网络与卷积神经网络的基本原理、结构特点及应用实例。

（一）神经网络的基本原理与结构特点

神经网络是一种模拟人脑神经元工作方式的计算模型，通过大量的神经元相互连接，形成复杂的网络结构。每个神经元接收来自其他神经元的输入信号，经过一定的权重和激活函数处理后，输出到下一层神经元。这种层级结构使得神经网络能够逐层提取数据的特征，实现对复杂数据的表示和学习。

神经网络的基本组成单元是神经元，每个神经元都具有输入、权重、激活函数和输出等要素。在神经网络中，输入数据首先经过输入层，然后通过隐藏层进行逐层处理，最终通过输出层得到结果。隐藏层的数量和每层的神经元数量可以根据任务需求进行灵活调整。

神经网络的学习过程是通过反向传播算法和梯度下降算法来完成的。在训练过程中，神经网络会根据输入数据和真实标签之间的误差，不断调整网络中的权重和偏置参数，以最小化误差。通过迭代训练，神经网络能够学习到数据的内在规律和特征，从而实现对新数据的预测和分类。

（二）卷积神经网络的基本原理与结构特点

卷积神经网络（CNN）是神经网络的一种特殊形式，主要用于处理图像数据。CNN通过引入卷积层和池化层等结构，有效地提取图像中的局部特征和空间层次结构信息。

卷积层是CNN的核心组成部分，它通过多个卷积核对输入图像进行卷积运算，从而提取出图像中的局部特征。每个卷积核都可以学习到不同的特征模式，通过多个卷积核的组合，可以捕捉到图像中的多种特征。卷积运算具有局部连接和权值共享的特点，能够显著减少网络中的参数数量，提高计算效率。

池化层通常位于卷积层之后，用于对卷积层的输出进行下采样，进一步减少数据的空间尺寸和参数数量。池化操作可以提取出图像中的关键信息，同时保留空间层次结构。常见的池化方式包括最大池化和平均池化等。

除了卷积层和池化层外，CNN还包括全连接层等结构。全连接层通常位于网络的最后几层，用于对前面层提取的特征进行全局整合和分类。

CNN的学习过程同样采用反向传播算法和梯度下降算法。在训练过程中，CNN会根据输入图像和真实标签之间的误差，不断调整网络中的权重和偏置参数，以优化模型的性能。

（三）神经网络与卷积神经网络的应用实例

神经网络和卷积神经网络在多个领域取得了广泛的应用成果。在图像识别和分类任务中，CNN通过提取图像中的局部特征和空间层次结构信息，实现对图像的高效表示和学习。例如，在ImageNet等大型图像数据集上，基于CNN的模型取得了很高的识别准确率。

在自然语言处理领域，神经网络也被广泛应用于文本分类、情感分析、机器翻译等任务。通过构建基于神经网络的模型，可以实现对文本数据的深度理解和处理。

此外，神经网络和CNN还在语音识别、推荐系统、医学诊断等领域发挥了重要作用。例如，在医学图像诊断中，CNN可以辅助医生进行病灶检测和识别，提高诊断的准确性和效率。

总的来说，神经网络和卷积神经网络作为人工智能领域的重要技术，通过模拟人脑神经元的工作方式，实现对复杂数据的表示和学习。它们的基本原理和结构特点使得它们能够提取数据的内在规律和特征，从而在各种应用中取得优异的表现。随着技术的不断发展和完善，神经网络和CNN将在更多领域展现出其强大的潜力和价值。

三、深度学习在图像识别与语音处理中的应用

深度学习作为机器学习领域的一个重要分支，近年来在图像识别和语音处理领域

取得了显著的进展。通过构建深度神经网络模型，深度学习能够自动提取数据的特征表示，从而实现对图像和语音的高效识别和处理。下面将深入探讨深度学习在图像识别与语音处理中的应用，并具体阐述其实现原理、优势及实际应用案例。

（一）深度学习在图像识别中的应用

图像识别是深度学习应用的重要领域之一。传统的图像识别方法通常依赖手工设计的特征提取器，而深度学习则能够通过训练大量的图像数据，自动学习到图像的特征表示。这使得深度学习在图像识别任务中取得了更高的准确率和鲁棒性。

在图像识别中，卷积神经网络（CNN）是最为常用的深度学习模型之一。CNN 通过卷积层、池化层和全连接层的组合，能够逐层提取图像中的局部特征和空间层次结构信息。通过训练大量的图像数据，CNN 能够学习到图像中的关键特征，并实现对不同类别图像的准确分类。

除了 CNN，深度学习还有其他一些模型也广泛应用于图像识别任务，如生成对抗网络（GAN）、循环神经网络（RNN）等。GAN 通过生成器和判别器的对抗训练，能够生成高质量的图像样本，并在图像生成、图像修复等领域取得了显著成果。RNN 则适用于处理序列数据，如视频帧序列，能够捕捉图像序列中的时序依赖关系，实现对动态图像的有效识别。

深度学习在图像识别中的优势在于其强大的特征学习能力和泛化能力。通过训练大量的数据，深度学习模型能够学习到图像中的复杂特征和规律，从而实现对新图像的准确识别。此外，深度学习模型还具有较强的鲁棒性，能够应对图像中的噪声、遮挡等干扰因素，提高识别的稳定性。

实际应用中，深度学习在图像识别领域的应用场景十分广泛。例如，在安防领域，深度学习可以用于人脸识别、车辆识别等任务，提高监控系统的智能化水平；在医疗领域，深度学习可以用于医学图像分析，辅助医生进行病灶检测和诊断；在自动驾驶领域，深度学习可以用于车辆检测、交通标志识别等任务，提高自动驾驶系统的安全性和可靠性。

（二）深度学习在语音处理中的应用

语音处理是深度学习的另一个重要应用领域。传统的语音处理方法通常依赖手工设计的声学模型和语言模型，而深度学习则能够通过训练大量的语音数据，自动学习到语音的特征表示和语义信息。这使得深度学习在语音识别、语音合成和语音情感分析等方面取得了显著的进展。

在语音识别中，深度学习模型如循环神经网络（RNN）和长短期记忆网络（LSTM）等被广泛应用于声学模型的构建。这些模型能够捕捉语音信号中的时序依赖关系，实现对语音信号的准确转录。通过训练大量的语音数据，深度学习模型能够学习到不同发音人的语音特征，提高识别的准确性和鲁棒性。

除了语音识别，深度学习还在语音合成和语音情感分析等方面取得了重要进展。

在语音合成中，深度学习模型如 WaveNet 等能够生成高质量的语音波形，实现自然流畅的语音合成。在语音情感分析中，深度学习模型能够通过分析语音的音调、语速等特征，识别出说话人的情感状态，为情感计算和人机交互提供有力支持。

深度学习在语音处理中的优势在于其强大的建模能力和自适应能力。深度学习模型能够自动地学习到语音信号的内在规律和特征表示，无需过多的手工干预。同时，深度学习模型还具有较强的自适应能力，能够适应不同场景和发音人的变化，提高语音处理的准确性和稳定性。

实际应用中，深度学习在语音处理领域的应用场景也十分广泛。例如，在智能家居领域，深度学习可以用于智能音箱的语音识别和控制，提高用户体验；在医疗领域，深度学习可以用于语音病历的自动转录和整理，减轻医生的工作负担；在客户服务领域，深度学习可以用于语音机器人的构建，实现自动化的客户服务和咨询。

总的来说，深度学习在图像识别与语音处理中的应用已经取得了显著成果，并且在实际应用中发挥着越来越重要的作用。通过构建深度神经网络模型，深度学习能够自动地学习到图像和语音的特征表示和语义信息，实现对图像和语音的高效识别和处理。随着技术的不断发展和完善，深度学习将在更多领域展现出其强大的潜力和价值。

第四节　自然语言处理技术与文本挖掘

一、自然语言处理的基本任务

自然语言处理（NLP）是人工智能领域的一个重要分支，旨在让计算机能够理解和生成人类语言。NLP 涵盖了多个基本任务，这些任务共同构成了自然语言处理的核心内容。下面我们将详细探讨 NLP 的三个基本任务：词法分析、句法分析和语义理解。

（一）词法分析

词法分析是自然语言处理的基础任务之一，主要关注对文本中的词汇进行形态学上的分析。词法分析的主要目标是识别文本中的单词、短语，并确定它们的词性、时态、语态等语法属性。这些属性对于后续的自然语言处理任务至关重要，因为它们为句子结构和语义的理解提供了基础。

在词法分析中，常用的技术包括规则方法和统计方法。规则方法依赖手工编写的规则集，通过匹配规则来确定词汇的语法属性。而统计方法则利用大规模语料库进行训练，通过机器学习算法自动学习词汇的语法属性。随着深度学习技术的发展，基于神经网络的词法分析方法也取得了显著进展，能够更准确地识别词汇的语法属性。

词法分析在自然语言处理中具有广泛的应用。例如，在信息检索中，通过词法分析可以提取出关键词，提高检索的准确性和效率。在机器翻译中，词法分析可以帮助确定源语言和目标语言之间的词汇对应关系，从而提高翻译质量。此外，词法分析还广泛应用于文本分类、情感分析等领域。

（二）句法分析

句法分析是自然语言处理的另一个重要任务，主要关注句子结构的分析和理解。句法分析的目标是识别句子中的短语、从句及它们之间的关系，从而建构句子的句法结构树。句法结构树能够清晰地展示句子中各个成分之间的层次关系和依赖关系，为后续的语义理解和推理提供重要依据。

句法分析的方法主要包括基于规则的方法和基于统计的方法。基于规则的方法通常依赖语言学家的手工标注语料和语法规则，通过规则匹配来构建句法结构树。而基于统计的方法则利用大规模语料库进行训练，通过机器学习算法自动学习句子的句法结构。近年来，深度学习技术也在句法分析中得到了广泛应用，通过构建深度神经网络模型来自动学习句子的句法结构。

句法分析在自然语言处理中具有广泛的应用价值。在机器翻译中，句法分析可以帮助确定源语言和目标语言之间的句法对应关系，从而提高翻译的准确性和流畅性。在文本摘要和问答系统中，句法分析可以帮助识别关键信息和回答问题。此外，句法分析还有助于提高文本生成的质量和自然度，如自动生成新闻稿、科技文章等。

（三）语义理解

语义理解是自然语言处理的核心任务之一，旨在深入理解文本所表达的含义和意图。与词法分析和句法分析相比，语义理解更加关注文本背后的意义和信息。它涉及对文本中的实体、事件、关系等进行识别和推理，以及理解文本所传达的情感、态度等主观信息。

语义理解的方法主要包括基于规则的方法、基于统计的方法和基于深度学习的方法。基于规则的方法通常依赖语言学家的手工标注语料和语义规则，通过规则匹配来识别文本中的实体和关系。基于统计的方法则利用大规模语料库进行训练，通过机器学习算法自动学习文本的语义表示。而基于深度学习的方法则通过构建深度神经网络模型来自动学习文本的语义特征，实现更加准确的语义理解。

语义理解在自然语言处理中具有广泛的应用前景。在信息抽取领域，语义理解可以帮助从文本中提取出结构化信息，如实体、关系等，为知识图谱构建和智能问答等应用提供支持。在情感分析中，语义理解可以帮助识别文本中的情感倾向和态度，为舆情监测和产品评价等提供决策依据。此外，语义理解还有助于提高人机交互的效率和准确性，如智能助手、智能客服等应用。

总的来说，词法分析、句法分析和语义理解是自然语言处理的基本任务，它们共同构成了自然语言处理的核心内容。这些任务在自然语言处理中发挥着重要作用，不仅有助于提高文本处理的准确性和效率，还为后续的高级应用提供了有力支持。随着技术的不断发展和完善，自然语言处理将在更多领域展现出其强大的潜力和价值。

二、文本挖掘的方法与技术

文本挖掘，作为自然语言处理的一个关键分支，旨在从大量非结构化文本数据中提取有用信息和知识。随着大数据时代的到来，文本挖掘技术的重要性日益凸显，其在信息检索、情感分析、舆情监测等领域发挥着不可替代的作用。下面将深入探讨文本挖掘的方法与技术，包括基于规则的文本挖掘、基于统计的文本挖掘及基于深度学习的文本挖掘。

（一）基于规则的文本挖掘

基于规则的文本挖掘主要依赖语言学知识和专家经验，通过预定义的规则对文本进行解析和抽取。这种方法通常适用于特定领域或特定任务，具有较高的准确性和可解释性。

在基于规则的文本挖掘中，常用的技术包括正则表达式匹配、模板匹配和模式识别等。正则表达式是一种强大的文本处理工具，可以用来匹配和提取文本中的特定模式。模板匹配则是根据预先定义的模板，在文本中寻找符合模板的实例。模式识别则通过识别文本中的关键词、短语或句子结构来提取信息。

然而，基于规则的文本挖掘方法存在一些局限性。首先，规则的制定需要丰富的语言学知识和专家经验，对于非专业人士来说难度较大。其次，规则的制定往往针对特定任务，难以适应不同领域或不同数据集的变化。此外，规则的制定过程烦琐且耗时，难以应对大规模数据集的处理。

（二）基于统计的文本挖掘

基于统计的文本挖掘方法主要依赖大规模语料库和统计学原理，通过机器学习算法对文本进行自动分析和挖掘。这种方法具有较强的自适应性和泛化能力，可以处理不同领域和不同格式的文本数据。

在基于统计的文本挖掘中，常用的技术包括词袋模型、TF－IDF（词频－逆文档频率）算法、主题模型（如LDA）和文本分类等。词袋模型将文本视为一系列词的集合，忽略了词序和语法结构，适用于简单的文本分类和聚类任务。TF－IDF算法则通过计算词频和逆文档频率来衡量词在文档中的重要程度，常用于关键词提取和信息检索。主题模型则通过挖掘文本中的潜在主题来揭示文本的语义结构，有助于深入理解文本内容。

基于统计的文本挖掘方法在实际应用中取得了显著成果，但也存在一些挑战。首先，统计方法通常需要大量标注数据进行训练，而标注数据的获取和标注过程往往成本较高。其次，统计方法在处理复杂语义关系时可能表现不佳，难以捕捉文本中的深层含义。此外，统计方法的可解释性相对较差，难以对挖掘结果进行直观解释。

（三）基于深度学习的文本挖掘

近年来，深度学习技术在文本挖掘领域取得了突破性进展。深度学习模型通过构建多层次的神经网络结构，能够自动学习文本中的深层特征表示，从而实现对文本的高效挖掘和分析。

在基于深度学习的文本挖掘中，常用的模型包括循环神经网络（RNN）、卷积神经网络（CNN）和 Transformer 等。RNN 适用于处理序列数据，能够捕捉文本中的时序依赖关系，常用于文本生成、情感分析等任务。CNN 则通过卷积操作提取文本中的局部特征，适用于文本分类、关键词提取等任务。Transformer 模型则通过自注意力机制实现对文本的全局建模，取得了在多项 NLP 任务上的优异性能。

基于深度学习的文本挖掘方法具有以下优势：首先，深度学习模型具有较强的特征学习能力，能够自动学习文本的深层特征表示，无需过多的人工干预。其次，深度学习模型具有较强的泛化能力，可以适应不同领域和不同数据集的变化。此外，深度学习模型在处理复杂语义关系时表现出色，能够捕捉文本中的深层含义。

然而，基于深度学习的文本挖掘方法也存在一些挑战。首先，深度学习模型的训练需要大量的计算资源和时间成本，对于普通用户来说可能难以承受。其次，深度学习模型的可解释性相对较差，难以对挖掘结果进行直观解释。此外，深度学习模型的性能往往受到数据质量、模型结构和参数设置等多种因素的影响，需要进行细致的调优和验证。

总的来说，文本挖掘的方法与技术涵盖了基于规则、基于统计和基于深度学习等多个方面。这些方法和技术各有优缺点，在实际应用中需要根据具体任务和数据特点进行选择和组合。随着技术的不断发展和完善，文本挖掘将在更多领域展现出其强大的潜力和价值。

三、NLP 在智能问答与机器翻译中的应用

自然语言处理（NLP）作为人工智能领域的重要分支，在智能问答与机器翻译等应用中发挥着至关重要的作用。智能问答系统通过理解和解析用户的问题，能够自动提供准确、及时的信息回应；而机器翻译系统则实现了不同语言之间的自动转换，促进了全球范围内的信息交流。下面将详细探讨 NLP 在智能问答与机器翻译中的应用，包括其核心技术、应用现状及发展趋势。

（一）NLP 在智能问答中的应用

智能问答系统是一种能够自动回答用户问题的计算机系统，它结合了自然语言处理、信息检索、知识图谱等多种技术。NLP 在智能问答中的应用主要体现在以下几个方面：

首先，语义理解是智能问答系统的核心。NLP 技术通过对用户问题的解析，提取出关键词、实体、关系等语义信息，进而理解用户的真实意图。这一过程涉及词法分析、句法分析、语义角色标注等 NLP 技术，为后续的答案匹配和生成提供了基础。

其次，答案匹配与生成是智能问答系统的关键环节。基于 NLP 技术的信息检索和知识图谱技术，系统能够在海量数据中快速找到与用户问题相关的答案。同时，通过

模板生成、摘要提取等方法，系统能够生成简洁、准确的回答，满足用户的需求。

此外，智能问答系统还需要具备多轮对话和上下文理解能力。通过 NLP 技术对用户对话的建模和分析，系统能够捕捉用户的上下文信息，实现更加自然、流畅的对话。

目前，智能问答系统已经广泛应用于客服、教育、娱乐等多个领域。例如，在电商平台上，智能客服能够自动回答用户的购物咨询；在教育领域，智能问答系统能够为学生提供个性化的学习辅导；在娱乐领域，智能问答机器人能够与用户进行有趣的对话互动。

（二）NLP 在机器翻译中的应用

机器翻译是 NLP 的另一个重要应用领域，它实现了不同语言之间的自动转换。NLP 在机器翻译中的应用主要体现在以下几个方面。

首先，词汇对齐和短语抽取是机器翻译的基础工作。NLP 技术通过对源语言和目标语言语料的分析，提取出词汇和短语之间的对应关系，为后续的翻译过程提供词汇和短语级别的翻译参考。

其次，句法分析和语义理解对于提高机器翻译的质量至关重要。通过句法分析，系统能够识别源语言句子的结构，并将其映射到目标语言的句子结构上；而语义理解则有助于系统更准确地把握源语言句子的含义，避免翻译过程中的语义丢失或扭曲。

此外，随着深度学习技术的发展，基于神经网络的机器翻译模型逐渐成为主流。这些模型通过大量的语料库训练，能够自动学习源语言和目标语言之间的映射关系，达到更加准确、自然的翻译效果。

目前，机器翻译已经广泛应用于国际贸易、文化交流、旅游等多个领域。通过机器翻译，人们可以轻松阅读和理解不同语言的文本信息，促进了全球范围内的信息交流和文化融合。

（三）发展趋势

随着技术的不断进步和应用场景的不断拓展，NLP 在智能问答与机器翻译中的应用将呈现出以下发展趋势。

首先，个性化与智能化将成为智能问答系统的重要发展方向。系统将通过更加深入地理解用户需求和习惯，提供更加个性化、智能化的回答和服务。

其次，多模态信息融合将进一步提升机器翻译的质量。未来的机器翻译系统将不仅依赖文本信息，还将结合语音、图像等多模态信息，实现更加准确、自然的翻译效果。

此外，跨语言理解和跨领域应用也将成为 NLP 在智能问答与机器翻译中的重要发展方向。通过跨语言理解技术，系统能够更好地处理不同语言之间的文化差异和语义差异；而跨领域应用则能够拓展 NLP 技术的应用范围，推动其在更多领域发挥价值。

总之，NLP 在智能问答与机器翻译中的应用已经取得了显著成果，并在不断推动着相关技术的进步和发展。未来，随着技术的不断创新和应用场景的不断拓展，NLP

将在智能问答与机器翻译等领域发挥更加重要的作用，为人类提供更加便捷、高效的信息交流方式。

第五节　计算机视觉技术与图像识别

一、计算机视觉的基本概念

计算机视觉，作为人工智能的一个重要分支，旨在让机器具备类似于人类的视觉感知和理解能力。通过对图像或视频的处理与分析，计算机视觉系统能够提取、解释并理解视觉信息，从而完成目标识别、场景理解、物体跟踪等复杂任务。下面我们将从计算机视觉的定义、发展历程及应用领域三个方面，对其基本概念进行详细探讨。

（一）计算机视觉的定义

计算机视觉，顾名思义，是计算机科学和视觉科学相结合的产物。它研究的是如何利用计算机从图像或视频中获取、处理、分析和理解信息，以实现对现实世界的感知与理解。具体来说，计算机视觉系统通过对输入图像进行特征提取、分割、识别等操作，将低层次的像素信息转化为高层次的语义信息，从而实现对图像内容的理解和解释。

在计算机视觉中，图像处理、图像分析和图像理解是三个紧密相连的层次。图像处理主要关注图像的基本操作，如滤波、增强等；图像分析则侧重于对图像中的目标进行提取和描述；而图像理解则是最高层次的任务，它要求计算机能够解释图像中的语义信息，实现对图像内容的深层次理解。

（二）计算机视觉的发展历程

计算机视觉的发展可以追溯到20世纪50年代，当时的研究主要集中在二维图像分析和识别上。随着计算机技术的不断进步和图像处理算法的发展，计算机视觉逐渐从简单的二维图像处理扩展到三维视觉、运动分析等领域。

进入21世纪，随着深度学习技术的兴起，计算机视觉取得了突破性进展。深度学习模型，尤其是卷积神经网络（CNN），在图像识别、目标检测等任务中表现出色，极大地推动了计算机视觉技术的发展。如今，计算机视觉已经广泛应用于安防监控、自动驾驶、医疗影像分析等多个领域，成为人工智能领域中最为活跃和重要的分支之一。

（三）计算机视觉的应用领域

计算机视觉的应用领域十分广泛，几乎涵盖了人类生活的方方面面。以下是一些典型的计算机视觉应用领域。

安防监控：通过计算机视觉技术，安防监控系统能够实现对监控画面的智能分析，自动检测异常事件、识别犯罪嫌疑人等，提高安防效率。

自动驾驶：自动驾驶汽车需要依靠计算机视觉技术来感知周围环境，识别道路标线、交通信号及行人、车辆等障碍物，从而实现安全、可靠的自动驾驶。

医疗影像分析：医生可以利用计算机视觉技术对医疗影像进行自动分析和诊断，如识别肿瘤、分析病灶等，提高医疗诊断的准确性和效率。

人脸识别：人脸识别是计算机视觉的一个重要应用方向，它广泛应用于手机解锁、门禁系统、公安侦查等领域，为人们提供更加便捷和安全的身份验证方式。

增强现实（AR）与虚拟现实（VR）：在 AR 和 VR 技术中，计算机视觉发挥着关键作用。它能够实现虚拟物体与现实场景的融合，为用户提供沉浸式的视觉体验。

工业检测：计算机视觉技术可以用于工业生产线上的质量检测，通过识别产品缺陷、测量尺寸等方式，提高生产效率和产品质量。

此外，计算机视觉还在文化教育、娱乐游戏、体育竞技等多个领域发挥着重要作用。随着技术的不断进步和应用场景的不断拓展，计算机视觉将在未来发挥更加重要的作用，为人类生活带来更多便利和可能性。

综上所述，计算机视觉作为一门综合性学科，不仅涉及图像处理、机器学习等多个领域的知识，还具有广泛的应用前景。随着人工智能技术的不断发展，计算机视觉将在未来发挥更加重要的作用，推动人类社会向更加智能化、高效化的方向发展。

二、图像识别的主要算法

图像识别是计算机视觉领域中的一项重要任务，它旨在通过算法对图像进行自动分析和理解，从而实现对图像中物体的分类、识别与定位。随着深度学习技术的快速发展，图像识别算法取得了显著进步，并在众多领域得到广泛应用。下面将介绍几种主要的图像识别算法，并分析其原理、特点及应用场景。

（一）基于模板匹配的图像识别算法

基于模板匹配的图像识别算法是一种传统的图像识别方法。该算法的核心思想是将待识别图像与预定义的模板图像进行匹配，通过计算两者之间的相似度来判断待识别图像所属的类别。模板匹配算法简单直观，易于实现，但在实际应用中面临一些挑战。例如，当待识别图像与模板图像之间存在较大的尺度、旋转或光照变化时，匹配效果可能会受到影响。此外，模板匹配算法对于复杂背景和多个目标的识别效果也有限。

为了面对这些挑战，研究者提出了一些改进方法。例如，通过引入多尺度、多方向模板来提高算法的鲁棒性；利用特征提取和描述子来减少背景干扰和目标之间的差异性；以及结合机器学习算法对匹配结果进行后处理，提高识别准确率。

（二）基于特征提取与分类器的图像识别算法

基于特征提取与分类器的图像识别算法是另一种常见的图像识别方法。该方法首先通过特征提取算法从图像中提取出具有代表性的特征向量，然后利用分类器对特征向量进行分类，从而实现对图像的识别。这种算法的关键在于特征提取和分类器的选择。

在特征提取方面，研究者提出了许多有效的算法，如 SIFT、SURF、HOG 等。这些算法能够从图像中提取出具有尺度、旋转和光照不变性的特征点或特征区域，为后续的分类任务提供有力的支持。在分类器方面，常用的包括支持向量机（SVM）、随机森林、神经网络等。这些分类器能够对特征向量进行学习和训练，从而实现对图像的自动分类和识别。

基于特征提取与分类器的图像识别算法在实际应用中取得了成功。然而，该算法的性能很大程度上取决于特征提取算法和分类器的选择。因此，在实际应用中需要根据具体任务和数据特点进行算法选择和参数调整。

（三）基于深度学习的图像识别算法

近年来，随着深度学习技术的快速发展，基于深度学习的图像识别算法逐渐成为主流。深度学习模型通过构建多层神经网络结构，能够自动学习图像中的高层次特征表示，从而实现对图像的准确识别。

卷积神经网络（CNN）是深度学习在图像识别领域中最具代表性的算法之一。CNN 通过卷积层、池化层和全连接层等组件的堆叠，能够提取出图像中的局部特征和全局特征，并通过反向传播算法进行模型训练和优化。CNN 在图像分类、目标检测、人脸识别等任务中取得了显著成果，并在实际应用中得到了广泛应用。

除了 CNN 之外，还有一些其他的深度学习模型也被用于图像识别任务，如循环神经网络（RNN）、生成对抗网络（GAN）等。这些模型在处理序列数据、生成高质量图像等方面具有独特优势，为图像识别领域带来了新的发展动力。

基于深度学习的图像识别算法具有强大的特征学习能力和泛化能力，能够处理复杂背景和多个目标的识别任务。然而，该算法通常需要大量的标注数据进行训练，且模型的训练和优化过程较为耗时。此外，深度学习模型的复杂性和可解释性也是当前研究面临的挑战之一。

综上所述，图像识别的主要算法包括基于模板匹配的算法、基于特征提取与分类器的算法及基于深度学习的算法。每种算法都有其特点和适用场景，在实际应用中需要根据具体任务和数据特点进行选择和优化。随着技术的不断进步和应用场景的不断拓展，未来图像识别算法将在更多领域发挥重要作用，为人类生活带来更多便利和可能性。

三、计算机视觉在安防与自动驾驶中的应用

计算机视觉作为人工智能领域的重要分支，近年来在多个领域展现出了巨大的应用潜力和价值。其中，安防与自动驾驶是计算机视觉技术得以广泛应用的两个重要领域。下面将详细探讨计算机视觉在安防与自动驾驶中的应用，分析其技术原理、应用

现状及未来的发展趋势。

(一) 计算机视觉在安防领域的应用

安防领域是计算机视觉技术的重要应用领域之一，通过图像识别、目标检测、人脸识别等技术手段，计算机视觉系统能够实现对监控画面的智能分析和处理，提高安防监控的效率和准确性。

首先，图像识别和目标检测是安防监控中的关键技术。计算机视觉系统可以通过对监控画面的实时分析，自动检测并识别出异常事件，如入侵者、火灾等。这种技术能够减少人工监控的疏漏和误判，提高安防监控的实时性和准确性。

其次，人脸识别技术在安防领域的应用也越来越广泛。通过对人脸特征的提取和比对，计算机视觉系统能够实现对人员的身份验证和识别。在门禁系统、公共场所监控等场景中，人脸识别技术可以确保只有授权人员才能进入特定区域，提高安全性。

此外，计算机视觉技术还可以与大数据、云计算等技术相结合，实现安防监控的智能化和集成化。通过对大量监控数据的分析和挖掘，可以发现潜在的安全隐患和犯罪线索，为公安部门提供有力的支持。

(二) 计算机视觉在自动驾驶中的应用

自动驾驶是计算机视觉技术的另一个重要应用领域。通过感知周围环境、识别道路标线、检测障碍物等，计算机视觉系统能够实现对车辆的自主控制和导航。

首先，环境感知是自动驾驶中的关键技术之一。计算机视觉系统可以通过摄像头、激光雷达等传感器获取车辆周围的图像和点云数据，然后通过图像识别、目标检测等技术手段提取出道路、车辆、行人等关键信息。这些信息对于自动驾驶车辆来说至关重要，可以帮助它们了解周围环境并做出正确的决策。

其次，路径规划和决策是自动驾驶中的另一个重要环节。在获取了周围环境信息后，计算机视觉系统需要结合地图、交通规则等信息进行路径规划和决策。这包括选择最佳的行驶路线、控制车辆的加速、减速和转向等。通过深度学习等先进技术，计算机视觉系统可以不断优化其决策能力，提高自动驾驶的安全性和可靠性。

此外，计算机视觉技术还可以应用于自动驾驶车辆的行人检测和障碍物识别。通过识别行人和其他车辆的动态变化，自动驾驶车辆可以预测它们的运动轨迹并做出相应的避让措施。同时，障碍物识别技术也可以帮助自动驾驶车辆及时发现道路上的障碍物并采取相应的应对措施。

(三) 发展趋势

随着技术的不断进步和应用场景的不断拓展，计算机视觉在安防与自动驾驶领域的应用将呈现出以下发展趋势：

首先，算法优化和模型创新将成为推动计算机视觉技术发展的关键动力。通过优化算法、改进模型结构等方式，可以提高计算机视觉系统的识别准确性和处理速度，进一步提升其在安防与自动驾驶等领域的应用效果。

其次，跨领域融合将成为计算机视觉技术发展的重要方向。计算机视觉技术将与其他人工智能技术如自然语言处理、语音识别等进行深度融合，形成更加智能、全面的安防与自动驾驶解决方案。

此外，硬件设备的升级和优化也将为计算机视觉技术的发展提供有力支持。随着传感器技术、计算能力的提升及边缘计算等技术的发展，计算机视觉系统可以更好地处理大规模数据和高复杂度任务，为安防与自动驾驶等领域的应用提供更加强大的支持。

总之，计算机视觉在安防与自动驾驶领域的应用已经取得了显著成果，并在不断推动着相关技术的进步和发展。未来，随着技术的不断创新和应用场景的不断拓展，计算机视觉将在安防与自动驾驶等领域发挥更加重要的作用，为人们的生活带来更多便利和安全保障。

第三章

大数据基础理论与技术

第一节　大数据的定义、特征与价值

一、大数据的四个"V"特征

大数据，作为当今信息时代的重要产物，以其独特的四个"V"特征——体量（Volume）、速度（Velocity）、多样（Variety）和价值（Value）——为世人所瞩目。这四个特征不仅揭示了大数据的本质属性，也决定了其在各个领域的广泛应用和深远影响。

（一）体量（Volume）

大数据的首要特征在于其庞大的数据量。随着信息技术的快速发展，数据产生的速度和规模呈现爆炸式增长。无论是社交媒体上的每一条动态、电商平台的每一笔交易，还是物联网设备产生的每一份数据，都构成了大数据的重要组成部分。这些海量数据不仅规模巨大，而且增长速度惊人，对数据的存储、处理和分析能力提出了前所未有的挑战。

在大数据的体量特征下，传统的数据处理方式已经无法满足需求。因此，需要采用分布式存储、云计算等先进技术，以应对大规模数据的存储和计算需求。同时，数据量的增加也为数据的挖掘和分析提供了更多可能性，使得我们能够从中发现更多有价值的信息和规律。

（二）速度（Velocity）

大数据的第二个特征是数据的产生和处理速度极快。在信息化社会，数据的产生和更新速度非常快，这就要求大数据系统能够在极短的时间内完成数据的收集、处理和分析，并做出相应的响应。这种速度特征在实时数据分析、在线监控等领域尤为突出。

为了实现高速数据处理，大数据系统通常采用流式处理、内存计算等技术，以提高数据处理的速度和效率。此外，随着边缘计算技术的发展，数据的处理和分析也可

以在数据源端进行，进一步提高了数据处理的速度和实时性。

（三）多样（Variety）

大数据的多样性体现在其来源和格式的丰富性上。大数据可以来自各种渠道，包括社交媒体、传感器、日志文件等，每种渠道产生的数据格式也各不相同。这些数据可能是结构化的，如数据库中的表格数据；也可能是非结构化的，如文本、图像、音频和视频等。

处理多样性的大数据需要采用多种技术和工具。对于结构化数据，可以使用关系型数据库和 SQL 语言进行查询和分析；对于非结构化数据，则需要使用文本挖掘、图像处理、语音识别等技术进行处理。此外，还需要通过数据清洗、整合和转换等步骤，将数据转化为可用于分析的形式。

大数据的多样性不仅带来了处理上的挑战，也为其带来了丰富的应用价值。通过对不同来源和格式的数据进行综合分析，我们可以发现更多隐藏在数据中的信息和规律，为决策提供更全面的支持。

（四）价值（Value）

大数据的最终目的在于实现其价值。通过对大数据的深入挖掘和分析，我们可以发现隐藏在数据中的有价值信息，为企业的决策、优化和创新提供支持。这种价值不仅体现在经济效益上，也体现在社会效益和公共服务水平的提升上。

然而，实现大数据的价值并非易事。首先，我们需要具备强大的数据处理和分析能力，以应对大数据的体量、速度和多样性带来的挑战。其次，我们需要有明确的业务目标和问题导向，以确定数据分析的方向和重点。最后，我们还需要具备跨学科的知识和技能，以便从多个角度对数据进行分析和解读。

为了充分发挥大数据的作用，我们需要不断探索和创新数据处理和分析的方法和技术。同时，我们还需要加强数据安全和隐私保护，以确保大数据的合法、合规和可持续利用。

综上所述，大数据的四个"V"特征——体量、速度、多样和价值——相互关联、相互影响，共同构成了大数据的复杂性和丰富性。在未来的发展中，我们需要不断应对这些挑战，充分挖掘和利用大数据的潜力，为社会的进步和发展贡献更多的力量。

二、大数据在各行各业的价值体现

大数据作为当今时代的核心驱动力之一，正在各行各业中发挥着日益重要的作用。通过深度挖掘和分析海量的数据资源，大数据不仅提升了企业的运营效率，还催生了新的商业模式和创新机会。下面将深入探讨大数据在不同行业中的价值体现，并分析其背后的原理和应用场景。

（一）大数据在金融行业的价值体现

金融行业是大数据应用的重要领域之一。在风险管理方面，大数据通过对海量交易数据的实时分析，能够精确识别异常交易和潜在风险，从而帮助金融机构降低欺诈风险、提升风险控制能力。在信贷审批中，大数据模型能够综合评估借款人的信用记录、消费行为、社交网络等多维度信息，实现更加精准和高效的信用评估。此外，大数据还为金融机构提供了精准营销和个性化服务的机会，通过挖掘客户的消费习惯和偏好，提供定制化的金融产品和服务，增强客户黏性和满意度。

（二）大数据在医疗行业的价值体现

医疗行业是另一个大数据应用的重要领域。随着医疗信息化建设的推进，大数据在医疗领域的应用日益广泛。通过对海量医疗数据的挖掘和分析，大数据能够协助医生进行更准确的疾病诊断和治疗方案制定。例如，基于大数据的基因组学研究可以揭示疾病的遗传基础，为个性化治疗提供依据；而通过对患者病历、检查数据等信息的综合分析，可以预测疾病的发展趋势和预后情况，为患者的康复提供有力支持。此外，大数据还可以帮助医疗机构优化资源配置、提升管理效率，推动医疗行业的数字化转型和智能化升级。

（三）大数据在零售行业的价值体现

零售行业也是大数据应用的重要战场。在商品销售方面，大数据通过对消费者购买行为、偏好等信息的深入挖掘，可以帮助零售商实现精准营销和个性化推荐，提高销售额和客户满意度。同时，大数据还可以协助零售商优化库存管理、降低运营成本。通过对销售数据的实时分析，零售商可以预测未来需求趋势，合理调整库存结构和进货计划，避免库存积压和浪费。此外，大数据还可以用于提升客户体验。通过收集和分析客户在购物过程中的反馈和评价，零售商可以及时发现并解决潜在问题，改进服务质量和流程，提升客户忠诚度和口碑。

除了上述行业外，大数据还在制造业、物流业、教育业等众多领域展现出巨大的价值。在制造业中，大数据可以帮助企业实现生产过程的智能化和精细化，提高产品质量和生产效率；在物流业中，大数据可以优化运输路径、降低物流成本、提高物流效率；在教育业中，大数据可以协助教师制订个性化教学计划、提升教学效果，同时也可以帮助学生更好地了解自己的学习情况和发展方向。

然而，尽管大数据在各行各业中展现出了巨大的价值，但其应用也面临着一些挑战。首先，数据安全和隐私保护问题日益凸显，如何在保护个人隐私的前提下合理利用大数据成为亟待解决的问题。其次，大数据的处理和分析技术需要不断更新和完善，以适应不断增长的数据量和复杂的数据结构。此外，企业还需要培养具备大数据分析和应用能力的人才队伍，以充分发挥大数据的潜力。

综上所述，大数据在各行各业中都具有广泛的应用前景和巨大的价值潜力。通过深入挖掘和分析大数据资源，企业可以提升运营效率、创新商业模式、优化资源配置，实现可持续发展。未来，随着大数据技术的不断进步和应用场景的拓展，相信大数据将在更多领域发挥更大的作用，为经济社会发展注入新的活力。

三、大数据时代的机遇与挑战

随着信息技术的迅猛发展，我们迎来了一个全新的时代——大数据时代。大数据以其巨大的体量、高速的处理速度、多样的数据类型和潜在的价值，为各行各业带来了前所未有的机遇，同时也带来了诸多挑战。下面将深入探讨大数据时代的机遇与挑战，以期更好地理解和应对这一时代的变革。

（一）大数据时代的机遇

1. 推动产业创新和升级

大数据时代为企业提供了海量的数据资源，通过挖掘和分析这些数据，企业可以发现新的市场机会、优化产品和服务、提升运营效率。这为企业创新提供了强大的动力，有助于推动产业升级和转型。例如，在制造业中，大数据可以帮助企业实现智能制造、柔性生产，提高产品质量和降低成本；在服务业中，大数据可以助力企业实现精准营销、个性化服务，提升客户体验和满意度。

2. 促进政府决策科学化和民主化

大数据在政府治理领域也发挥着重要作用。通过对社会、经济、环境等多方面的数据进行收集和分析，政府可以更加准确地了解民意、把握社会动态、预测发展趋势，从而制定出更加科学、合理的政策。同时，大数据还可以促进政府决策的民主化，通过公开数据、鼓励公众参与讨论和反馈，增强政府决策的透明度和公信力。

3. 提升社会公共服务水平

在公共服务领域，大数据同样具有广泛的应用前景。通过大数据技术，可以实现对城市交通、医疗、教育等领域的智能化管理和优化。例如，在交通领域，大数据可以帮助城市规划者更好地设计交通网络、优化交通流量、减少交通拥堵；在医疗领域，大数据可以助力医疗机构实现精准医疗、提高诊疗效率和质量。

（二）大数据时代的挑战

1. 数据安全和隐私保护问题

随着大数据的广泛应用，数据安全和隐私保护问题日益凸显。大量个人和企业的敏感信息被收集、存储和分析，一旦泄露或被滥用，将给个人和企业带来巨大损失。因此，如何在保障数据安全的前提下有效利用大数据资源，成了一个亟待解决的问题。

2. 数据处理和分析技术的挑战

大数据的体量巨大、类型多样，传统的数据处理和分析方法已经无法满足需求。如何高效处理和分析这些数据，提取出有价值的信息，是大数据时代面临的一大挑战。此外，随着技术的不断进步，新的数据处理和分析方法不断涌现，如何跟上这一步伐并不断提升技术水平，也是企业需要面对的问题。

3. 数据质量和可靠性的挑战

大数据的来源广泛、类型多样，数据的质量和可靠性往往难以保证。不准确或错误的数据可能导致分析结果出现偏差，甚至误导决策。因此，在利用大数据时，需要加强对数据质量的控制和校验，确保数据的准确性和可靠性。

4. 法律法规和伦理道德的挑战

大数据的应用涉及诸多法律法规和伦理道德问题。如何在遵守法律法规的前提下合法使用大数据资源，避免侵犯他人的合法权益；如何在追求商业利益的同时兼顾社会责任和伦理道德，都是大数据时代需要思考和解决的问题。

（三）应对大数据时代的机遇与挑战的策略

面对大数据时代的机遇与挑战，我们需要采取一系列策略来应对。首先，加强数据安全和隐私保护技术的研究和应用，确保大数据资源的安全性和隐私性。其次，不断提升数据处理和分析技术水平，以适应大数据的需求和变化。同时，加强对数据质量的控制和校验，确保数据的准确性和可靠性。此外，还需要加强法律法规和伦理道德的建设，为大数据的合法、合规使用提供有力保障。

综上所述，大数据时代既带来了无限的机遇，也带来了诸多挑战。我们需要充分认识和把握这一时代的变革，积极应对挑战并抓住机遇，以推动社会的进步和发展。

第二节　大数据处理与存储技术

一、分布式存储系统

分布式存储系统，作为大数据时代的重要基石，以其独特的架构和优势，为海量数据的存储和管理提供了高效、可靠的解决方案。下面将从分布式存储系统的定义、架构、优势及应用等多个方面，对其进行深入探讨。

（一）分布式存储系统的定义与架构

分布式存储系统是一种将数据分散存储在多个独立的节点上，通过网络进行连接和协同工作的存储系统。它采用可扩展的架构设计，能够根据数据量的增长动态增加存储节点，从而满足不断增长的存储需求。

分布式存储系统的架构通常包括多个组成部分，如存储节点、元数据服务器、客户端等。存储节点负责实际的数据存储和访问，元数据服务器则负责管理存储节点的元数据信息，包括数据的位置、状态等。客户端通过访问元数据服务器获取数据的存储位置，并直接与存储节点进行数据的读写操作。

（二）分布式存储系统的优势

分布式存储系统相比传统的集中式存储系统，具有诸多优势。首先，它实现了数据的高可用性。通过数据冗余和复本机制，分布式存储系统能够在节点故障或网络中断时，自动切换到其他正常节点进行数据访问，确保数据的可靠性和持续性。

其次，分布式存储系统具有出色的可扩展性。随着数据量的不断增长，系统可以通过增加存储节点来扩展存储容量和性能，而无需对现有系统进行大规模的改造或升级。这种灵活性使得分布式存储系统能够轻松应对大规模数据的存储需求。

此外，分布式存储系统还具备高性能、低成本等优点。通过并行处理和负载均衡技术，系统能够充分利用各个节点的计算能力，提高数据访问的速度和效率。同时，由于采用了分布式架构，系统可以利用廉价的硬件设备构建大规模的存储集群，降低了成本和维护难度。

（三）分布式存储系统的应用

分布式存储系统已经广泛应用于各个领域，特别是在大数据处理、云计算、物联网等场景中发挥着重要作用。在大数据处理领域，分布式存储系统为海量数据的存储和分析提供了强大的支持，使得数据科学家能够更高效地挖掘数据的价值。在云计算领域，分布式存储系统作为云平台的底层存储基础设施，为各类云服务提供了稳定、可靠的存储保障。在物联网领域，分布式存储系统能够处理来自各种传感器和设备的数据，为实时数据分析和智能决策提供有力支持。

此外，分布式存储系统还在视频监控、生物信息、金融交易等领域得到了广泛应用。例如，在视频监控领域，分布式存储系统可以存储海量的视频数据，并提供高效的检索和回放功能；在生物信息领域，分布式存储系统能够处理大规模的基因组数据，为生物医学研究提供有力的数据支持；在金融交易领域，分布式存储系统可以确保交易数据的快速、准确存储，保障金融市场的稳定运行。

然而，分布式存储系统也面临着一些挑战和问题。例如，如何保证数据的一致性和安全性，如何优化数据访问的性能和效率，如何降低系统的复杂性和维护成本等。为了解决这些问题，研究者不断探索新的技术和方法，如一致性协议、数据加密、负载均衡等，以进一步提升分布式存储系统的性能和可靠性。

综上所述，分布式存储系统以其独特的架构和优势，在大数据时代发挥着越来越重要的作用。随着技术的不断进步和应用场景的不断拓展，我们有理由相信，分布式存储系统将在未来发挥更加重要的作用，为数据驱动的世界提供更加高效、可靠的存储解决方案。

二、数据处理框架与工具

随着信息技术的迅猛发展，大数据已经渗透到社会的各个领域，数据处理成为一项至关重要的任务。数据处理框架与工具作为大数据处理的核心组成部分，为数据的收集、清洗、转换、分析和可视化提供了强大的支持。下面将深入探讨数据处理框架与工具的重要性、常见类型及应用实践。

（一）数据处理框架与工具的重要性

数据处理框架与工具在大数据处理中扮演着至关重要的角色。首先，它们能够帮助用户高效地管理和组织海量的数据资源，提高数据处理的效率和质量。通过利用这些工具，用户可以轻松完成数据的导入、导出、清洗和转换等操作，为后续的数据分析提供准确、可靠的数据基础。

其次，数据处理框架与工具为数据分析和挖掘提供了强大的支持。这些工具通常具备丰富的算法库和模型库，可以帮助用户快速构建各种数据分析模型，发现数据中的潜在规律。同时，它们还提供了可视化的界面和交互方式，使得用户可以更加直观地理解数据和结果。

最后，数据处理框架与工具还能够降低数据处理的门槛和成本。通过提供简单易用的界面和自动化的处理流程，这些工具使得更多的用户可以参与到数据处理和分析中来，无需具备专业的编程技能或深厚的数学背景。同时，它们还能够提高数据处理的效率，减少人工干预和错误，降低数据处理的成本。

（二）常见的数据处理框架与工具

目前，市场上存在众多数据处理框架与工具，它们各有特点，适用于不同的场景和需求。以下是一些常见的数据处理框架与工具。

Apache Hadoop：Hadoop 是一个开源的分布式计算框架，主要用于处理大规模数据集。它采用了分布式存储和计算的方式，能够高效处理海量数据。Hadoop 生态系统还包含了丰富的组件和工具，如 HBase、Hive、Spark 等，为用户提供了强大的数据处理和分析能力。

Apache Spark：Spark 是一个快速、通用的大规模数据处理引擎，支持批处理、流处理、图处理和机器学习等多种应用场景。它采用了内存计算的方式，能够显著提高数据处理的性能。Spark 还提供了丰富的 API 和库，使得用户可以轻松地构建各种数据处理和分析应用。

Pandas：Pandas 是一个用于数据处理和分析的 Python 库，提供了大量数据结构和数据分析工具。它支持数据导入、清洗、转换和可视化等操作，并且可以与多种数据源和格式进行交互。Pandas 的语法简洁易懂，适合数据科学家和数据分析师使用。

SQL：SQL（结构化查询语言）是一种用于管理和查询关系数据库的语言。通过 SQL 语句，用户可以轻松地对数据库中的数据进行增删改查操作。SQL 具有简单易学、功能强大的特点，广泛应用于各种数据处理和分析场景。

（三）数据处理框架与工具的应用实践

在实际应用中，数据处理框架与工具可以发挥巨大的作用。以某个电商平台为例，该平台每天需要处理大量的用户行为数据和交易数据，以优化商品推荐和营销策略。通过使用数据处理框架与工具，该平台可以高效地收集、清洗和转换这些数据，并利用机器学习算法构建用户画像和购买预测模型。通过这些模型，平台可以更加精准地推送个性化推荐和优惠券信息，提高用户的购买意愿和满意度。

此外，在医疗、金融、物流等领域，数据处理框架与工具也发挥着重要作用。例如，在医疗领域，通过对医疗数据的处理和分析，可以帮助医生更准确地诊断疾病和制定治疗方案；在金融领域，通过对金融数据的挖掘和分析，可以发现潜在的风险和机会，为投资决策提供有力支持；在物流领域，通过对物流数据的处理和分析，可以优化配送路线和减少运输成本。

然而，需要注意的是，数据处理框架与工具的选择和使用需要根据具体的场景和需求进行。不同的工具具有不同的特点和适用范围，用户需要根据自己的业务需求和技术水平进行选择。同时，数据处理也是一个复杂的过程，需要用户具备一定的数据处理和分析能力，才能更好地发挥工具的作用。

综上所述，数据处理框架与工具在大数据处理中发挥着重要作用。它们能够帮助用户高效地管理和组织数据资源，提供强大的数据分析和挖掘支持，并降低数据处理的门槛和成本。随着技术的不断进步和应用场景的不断拓展，数据处理框架与工具将会越来越成熟和智能化，为数据处理和分析带来更多的可能性。

三、数据安全与隐私保护

随着大数据技术的广泛应用，数据安全与隐私保护问题日益凸显，成为社会各界关注的焦点。数据安全不仅关乎个人隐私，更关系到国家安全、社会稳定和经济发展。因此，如何在利用大数据的同时，确保数据的安全与隐私，成了亟待解决的问题。

（一）数据安全与隐私保护的重要性

数据安全是大数据应用的基础。在大数据时代，数据成为一种重要的资源，具有极高的价值。然而，随着数据的不断增长和流动，数据泄露、数据篡改、数据滥用等风险也随之增加。一旦数据安全受到威胁，不仅可能导致个人隐私泄露，还可能造成经济损失、社会信任危机等严重后果。因此，保障数据安全是大数据应用的前提和基础。

隐私保护是大数据应用的伦理要求。个人隐私是每个人的基本权利，应当得到充分尊重和保护。在大数据应用中，个人数据往往被大量收集、存储和分析，涉及个人的身份信息、行为习惯、健康状况等敏感信息。如果这些信息被不当使用或泄露，将对个人隐私造成极大的侵害。因此，加强隐私保护是大数据应用的伦理要求，也是维护社会公平正义的必要举措。

（二）数据安全与隐私保护面临的挑战

数据安全与隐私保护面临着多方面的挑战。首先，技术挑战是数据安全与隐私保护的核心问题。大数据技术本身具有复杂性和不确定性，使得数据的安全存储、传输和处理变得异常困难。同时，黑客攻击、病毒传播等网络安全威胁也时刻威胁着数据的安全。

其次，法律法规的不完善也是数据安全与隐私保护的一大难题。目前，我国在数据安全与隐私保护方面的法律法规还不够完善，存在诸多空白和漏洞。这导致了一些不法分子可以钻法律的空子，进行数据窃取、滥用等违法行为。

此外，公众对数据安全与隐私保护的意识不足也是一个重要问题。很多人对数据安全与隐私保护的重要性认识不足，随意泄露个人信息，或者在使用网络服务时不注意保护自己的隐私。这种行为不仅增加了个人数据泄露的风险，也加大了数据安全与隐私保护的难度。

（三） 加强数据安全与隐私保护的措施

为了加强数据安全与隐私保护，我们需要从多个方面入手。首先，加强技术研发和创新是保障数据安全的关键。我们需要不断研发新的数据加密技术、访问控制技术、安全审计技术等，提高数据的安全性和可靠性。同时，我们还需要加强网络安全防护，防范黑客攻击和病毒传播等网络安全威胁。

其次，完善法律法规是保障数据安全与隐私保护的重要保障。我们需要制定和完善相关的法律法规，明确数据安全与隐私保护的责任和义务，加大对违法行为的打击力度。同时，我们还需要加大监管和执法力度，确保法律法规得到有效执行。

此外，提高公众对数据安全与隐私保护的意识也是非常重要的。我们需要通过各种渠道和方式，加强数据安全与隐私保护的宣传教育，提高公众对数据安全和隐私保护的认识和重视程度。同时，我们还需要鼓励公众在使用网络服务时注意保护自己的隐私，避免随意泄露个人信息。

最后，加强行业自律和合作也是保障数据安全与隐私保护的重要途径。各行各业需要自觉遵守数据安全与隐私保护的规范和要求，加强行业内的合作与交流，共同推动数据安全与隐私保护工作的开展。

综上所述，数据安全与隐私保护是大数据应用的重要问题，需要我们共同努力解决。通过加强技术研发、完善法律法规、增强公众意识和加强行业自律等措施，我们可以更好地保障数据的安全与隐私，推动大数据技术的健康发展。在未来的发展中，我们还需要不断探索新的数据安全与隐私保护技术和方法，以适应不断变化的数据环境和安全威胁。同时，我们也需要加强国际合作与交流，共同应对全球性的数据安全与隐私保护挑战。只有这样，我们才能充分利用大数据技术的优势，为社会发展和人类进步做出更大的贡献。

第三节　大数据分析方法与工具

一、统计分析方法

统计分析方法作为数据处理与解析的重要手段，在多个领域都发挥着不可或缺的作用。从社会科学到自然科学，从商业决策到政策制定，统计分析都为我们提供了洞察数据背后规律与趋势的利器。下面将详细探讨统计分析方法的定义、分类及在各个领域的应用。

（一）统计分析方法的定义与分类

统计分析方法是指通过对数据的收集、整理、描述、推断和解释，揭示数据内在规律和特征的一系列方法。这些方法可以帮助我们理解数据的分布、关系、变化趋势等，从而为决策和预测提供科学依据。

根据研究目的和数据处理方式的不同，统计分析方法可以分为描述性统计和推断性统计两大类。描述性统计主要通过图表和概括性数据来展示数据的特征和分布情况，如均值、中位数、众数、标准差等。而推断性统计则通过样本数据来推断总体数据的特征，如参数估计、假设检验等。

此外，根据数据的类型和研究问题的不同，统计分析方法还可以进一步细分为多个子类别，如方差分析、回归分析、聚类分析、因子分析等。这些方法各具特色，适用于不同类型的数据和研究问题。

（二）统计分析方法在各个领域的应用

1. 社会科学领域

在社会科学领域，统计分析方法被广泛应用于社会学、心理学、政治学等学科。通过收集和分析大量的社会调查数据，研究人员可以揭示社会现象背后的规律和趋势，如社会分层、群体行为、政治态度等。此外，统计分析方法还可用于评估政策效果、预测社会发展趋势等。

2. 自然科学领域

在自然科学领域，统计分析方法同样发挥着重要作用。在生物学、医学、物理学等领域，研究人员通过统计分析实验数据，可以揭示自然现象的内在规律和机制。例如，在生物学中，统计分析方法可以用于基因表达、种群分布等研究；在医学中，可以用于疾病诊断、治疗效果评估等。

3. 商业领域

在商业领域，统计分析方法的应用也十分广泛。市场调研、客户分析、销售预测等环节都离不开统计分析的支持。通过收集和分析市场数据，企业可以了解消费者需求、竞争对手情况，从而制定合适的营销策略和产品定位。此外，统计分析方法还可以用于风险评估、投资决策等方面，帮助企业降低风险、提高效益。

（三）统计分析方法的挑战与未来发展

尽管统计分析方法在各个领域都取得了显著成果，但也面临着一些挑战。首先，随着大数据时代的到来，数据量呈爆炸式增长，如何高效处理和分析这些数据成了一个亟待解决的问题。其次，数据的复杂性和多样性也给统计分析方法带来了新的挑战。不同类型的数据可能需要采用不同的分析方法，如何选择合适的方法并有效地整合各种信息成了一个重要的研究课题。

　　未来，统计分析方法将继续发展和完善。一方面，随着计算机技术和人工智能技术的不断进步，我们可以期待更高效、更智能的统计分析工具的出现。这些工具将能够处理更大规模、更复杂的数据，并为我们提供更准确、更深入的分析结果。另一方面，随着跨学科研究的不断深入，统计分析方法也将与其他学科的理论和方法进行融合和创新，形成更多元化、更综合的研究范式。

　　总之，统计分析方法作为数据处理与解析的重要工具，在各个领域都发挥着不可或缺的作用。通过不断发展和完善统计分析方法，我们可以更好地理解和利用数据，为科学研究和决策制定提供有力的支持。

二、数据挖掘技术

　　数据挖掘技术作为现代数据处理领域的重要组成部分，已经深入到了各行各业。它通过运用各种算法和工具，从海量数据中挖掘出有价值的信息和模式，为企业的决策提供了重要依据。下面将详细探讨数据挖掘技术的定义、分类及在各个领域的应用，并展望其发展前景。

（一）数据挖掘技术的定义与分类

　　数据挖掘技术是指通过特定的算法和工具，对大量数据进行深度分析和处理，以发现数据中的隐藏模式、关联规则、趋势预测等有价值信息的过程。它旨在从数据中提取有用的知识，为决策和预测提供支持。

　　数据挖掘技术可以根据不同的分类标准进行划分。按照挖掘任务的不同，数据挖掘可以分为分类与预测、聚类分析、关联规则挖掘、时间序列分析等。分类与预测主要用于根据已知数据预测未来趋势或结果；聚类分析则是将数据对象分组成为多个类或簇，使得在同一个簇中的对象之间具有较高的相似度；关联规则挖掘则用于发现不同数据项之间的关联关系；时间序列分析则是对时间序列数据进行处理和分析，以揭示其内在规律和趋势。

　　此外，根据挖掘方法的不同，数据挖掘还可以分为统计方法、机器学习方法、数据库方法等。统计方法主要基于概率论和数理统计原理；机器学习方法则利用训练数据自动地寻找规律，并对新数据进行预测或分类；数据库方法则主要依赖数据库查询和优化技术。

（二）数据挖掘技术在各个领域的应用

　　数据挖掘技术在各个领域都有着广泛的应用。在金融行业，数据挖掘技术被用于信用评估、风险管理、客户分群和精准营销等方面。通过对客户的交易记录、信用历史等数据进行挖掘，金融机构可以更好地评估客户的信用风险，制定个性化的营销策略，提高业务效益。

　　在电商领域，数据挖掘技术也发挥着重要作用。通过对用户的浏览记录、购买记录等数据进行挖掘，电商平台可以了解用户的购物习惯和偏好，从而进行精准的商品推荐和个性化营销。这不仅可以提高用户的购物体验，还能增加平台的销售额。

此外，在医疗、教育、交通等领域，数据挖掘技术也都有着广泛的应用。在医疗领域，数据挖掘技术可以用于疾病预测、治疗方案优化等方面；在教育领域，它可以用于学生成绩预测、教学方法改进等方面；在交通领域，数据挖掘技术则可以用于交通流量预测、路线规划等方面。

（三）数据挖掘技术的挑战与未来发展

尽管数据挖掘技术在各个领域都取得了显著的成果，但仍然面临着一些挑战。首先，随着大数据时代的到来，数据量的爆炸式增长给数据挖掘带来了更大的挑战。如何高效地处理和分析这些海量数据，提取出有价值的信息，是数据挖掘技术需要解决的重要问题。

其次，数据的质量和多样性也是数据挖掘面临的挑战之一。在实际应用中，数据往往存在噪声、缺失和不一致等问题，这会影响数据挖掘的准确性和可靠性。此外，不同来源的数据可能存在格式、结构和语义上的差异，如何进行有效整合和利用也是一个需要解决的问题。

针对这些挑战，数据挖掘技术也在不断发展和创新。一方面，新的算法和模型不断涌现，如深度学习、强化学习等，为数据挖掘提供了更强大的工具和方法。另一方面，云计算、分布式计算等技术也为处理大规模数据提供了有效的解决方案。

未来，数据挖掘技术将继续朝着智能化、自动化的方向发展。随着人工智能技术的不断进步，数据挖掘将更加注重对数据的深度理解和解释，实现更高级别的知识发现和模式识别。同时，数据挖掘也将与其他领域的技术进行融合和创新，形成更加综合和高效的数据分析体系。

综上所述，数据挖掘技术作为现代数据处理领域的重要工具，已经在各个领域发挥了重要作用。随着技术的不断发展和完善，数据挖掘将为我们的决策和预测提供更加准确、深入的支持。然而，我们也应认识到数据挖掘技术面临的挑战和限制，并不断探索和创新，以更好地应对未来的数据挑战。

三、大数据分析工具的选择与使用

随着大数据时代的到来，数据已经成为企业决策和运营的重要依据。如何高效地处理、分析和挖掘大数据，成为企业和个人关注的焦点。大数据分析工具作为处理大数据的关键工具，其选择和使用显得尤为重要。下面将详细探讨大数据分析工具的分类、选择原则及使用技巧，帮助读者更好地利用这些工具进行大数据分析。

（一）大数据分析工具的分类

大数据分析工具可以根据其功能、适用场景及技术特点进行分类。常见的分类方式有以下几种。

数据预处理工具：这类工具主要用于数据的清洗、转换和整合，以消除数据中的噪声、异常值和重复项，提高数据质量。常见的数据预处理工具有 Excel、SPSS 等。

数据挖掘工具：数据挖掘工具主要用于从海量数据中挖掘出有价值的信息和模式。这些工具通常具有强大的算法库和可视化界面，能够帮助用户快速发现数据中的关联、趋势和异常。常见的数据挖掘工具有 Python、R 及商业化的数据挖掘软件如 SAS、SPSS Modeler 等。

数据可视化工具：数据可视化工具能够将数据以图形、图表等形式展示出来，帮助用户更直观地理解数据和分析结果。常见的数据可视化工具有 Tableau、PowerBI、D3. js 等。

（二）大数据分析工具的选择原则

在选择大数据分析工具时，需要考虑以下几个原则。

工具的功能与需求匹配度：不同的工具具有不同的功能和特点，需要根据具体的需求选择合适的工具。例如，对于需要进行复杂统计分析和数据挖掘的任务，Python 和 R 等编程语言可能更适合；而对于需要快速生成可视化报表的场景，Tableau 等可视化工具可能更为合适。

工具的易用性和学习成本：工具的易用性和学习成本也是选择时需要考虑的因素。对于初学者或非专业人士来说，可以选择那些界面友好、操作简便的工具；而对于具有编程背景的专业人士来说，可能更倾向于选择功能强大、灵活性高的编程语言。

工具的稳定性和安全性：大数据分析工具在处理大量数据时，需要保证稳定性和安全性。因此，在选择工具时，需要关注其是否经过严格的测试和验证，是否具有可靠的数据保护机制。

（三）大数据分析工具的使用技巧

在使用大数据分析工具时，以下是一些建议的使用技巧。

熟悉工具的基本操作和界面：在使用新的大数据分析工具时，首先需要熟悉其基本操作和界面布局。通过阅读官方文档、参加培训课程或参考在线教程等方式，掌握工具的基本用法和功能。

合理规划数据处理流程：在进行大数据分析时，需要合理规划数据处理流程。这包括数据的收集、清洗、转换、分析和可视化等步骤。通过制订详细的数据处理计划，可以提高分析效率并减少错误。

结合业务需求进行深入分析：大数据分析工具的目的是更好地理解数据和发现有价值的信息。因此，在使用工具时，需要紧密结合业务需求进行深入分析。通过挖掘数据中的关联、趋势和异常，为企业的决策和运营提供有力支持。

不断学习和探索新技术：大数据分析工具和技术在不断发展和更新。为了保持竞争力并跟上时代的步伐，需要不断学习和探索新技术。通过参加技术交流会、阅读最新研究成果或参与开源项目等方式，了解最新的工具和技术趋势。

此外，还需要注意以下几点。

数据的安全性和隐私保护：在使用大数据分析工具时，需要确保数据的安全性和隐私保护。避免数据泄露和滥用，采取必要的安全措施，如数据加密、访问控制等。

工具的版本更新和升级：关注工具的版本更新和升级情况，及时获取最新功能和性能优化。这有助于提升工作效率和减少潜在问题。

跨平台兼容性：在选择大数据分析工具时，需要考虑其跨平台兼容性。选择那些能够在不同操作系统和平台上稳定运行的工具，以满足不同场景的需求。

综上所述，大数据分析工具的选择和使用是一个复杂而重要的过程。通过了解工具的分类、选择原则和使用技巧，并结合具体业务需求进行实际操作，可以更好地利用这些工具进行大数据分析，为企业的发展提供有力支持。在未来的发展中，随着大数据技术的不断进步和应用场景的拓展，大数据分析工具也将不断发展和完善，为我们带来更多便利和价值。

第四节　数据挖掘与机器学习在大数据中的应用

一、数据挖掘的基本流程

数据挖掘作为现代数据处理和分析的关键技术，旨在从海量的数据中提取出有价值的信息和模式，为企业决策和预测提供科学依据。数据挖掘的基本流程包括数据收集、数据预处理、数据挖掘、结果评估和应用实施等多个环节，每个环节都至关重要，且相互关联。

（一）数据收集

数据收集是数据挖掘的起始阶段，也是至关重要的一步。在这一阶段，需要明确挖掘目标，并根据目标确定所需的数据类型和来源。数据可以来自企业内部的数据库、日志文件，也可以来自外部的市场调研、社交媒体等。收集数据时，需要确保数据的完整性、准确性和时效性，以便后续的分析和挖掘工作能够顺利进行。

在数据收集过程中，还需要注意数据的隐私和安全性问题。确保在收集、处理和使用数据的过程中遵守相关法律法规，保护用户的隐私。

（二）数据预处理

数据预处理是数据挖掘流程中的关键环节，其目的是清洗和整理原始数据，使其满足数据挖掘算法的要求。数据预处理包括多个步骤，如数据清洗、数据集成、数据变换和数据规约等。

数据清洗主要是去除重复数据、处理缺失值和异常值，以及纠正数据中的错误和不一致。数据集成则是将来自不同来源的数据进行合并和整合，形成一个统一的数据集。数据变换则是通过一些数学方法或技术手段对数据进行转换，以便更好地适应挖掘算法。数据规约则是通过降维或抽样等方法减少数据集的规模，提高挖掘效率。

经过数据预处理后，数据的质量将得到显著提升，为后续的数据挖掘工作打下了坚实的基础。

（三）数据挖掘

数据挖掘是流程的核心环节，也是最具挑战性的部分。在这一阶段，需要选择合适的挖掘算法和工具，对预处理后的数据进行深入分析和挖掘。

数据挖掘算法众多，包括分类、聚类、关联规则挖掘、时间序列分析等。根据具体问题和数据特点选择合适的算法至关重要。同时，还需要设置合适的参数和阈值，以优化挖掘结果。

数据挖掘工具的选择也十分重要。工具的选择应基于其易用性、功能强大性和性能稳定性等方面进行综合考量。一些商业化的数据挖掘软件提供了丰富的算法库和友好的用户界面，适合初学者和非专业人士使用；而一些开源的数据挖掘工具则提供了更高的灵活性和可定制性，适合专业人士使用。

在数据挖掘过程中，还需要注意数据的隐私和安全性问题，确保在挖掘过程中遵守相关法律法规，保护用户的隐私。

（四）结果评估

数据挖掘的结果需要进行评估，以验证其有效性和准确性。评估方法通常包括交叉验证、准确率、召回率、F1 值等指标。通过比较不同算法或不同参数设置下的挖掘结果，可以选择出最优的模型和参数。

此外，还需要对挖掘结果进行可视化展示，以便更好地理解和解释结果。可视化工具可以将挖掘结果以图表、图形等形式展示出来，帮助用户更直观地理解数据和分析结果。

（五）应用实施

数据挖掘结果的最终目的是要应用于实际业务中，为企业决策和预测提供支持。在应用实施过程中，需要将挖掘结果与实际业务场景相结合，制定相应的策略和措施。

同时，还需要对挖掘结果进行持续的监控和优化。随着业务的发展和数据的更新，挖掘结果可能会发生变化，需要及时进行调整和优化。此外，还需要关注新的数据挖掘技术和方法，以便更好地应对未来的挑战和需求。

需要注意的是，数据挖掘并非一蹴而就的过程，而是一个持续迭代和优化的过程。在实际应用中，可能需要根据业务需求和数据特点对流程进行适当调整和优化，以获得更好的挖掘效果和应用价值。

综上所述，数据挖掘的基本流程包括数据收集、数据预处理、数据挖掘、结果评估和应用实施等多个环节。每个环节都需要认真对待，确保流程的顺利进行和挖掘结果的有效性。通过数据挖掘技术的应用，企业可以更好地理解和利用数据，为决策和预测提供科学依据，从而取得更大的商业成功。

二、机器学习在数据挖掘中的应用

随着信息技术的迅猛发展，数据挖掘作为从海量数据中提取有价值信息的关键技术，已广泛应用于各个领域。而机器学习作为人工智能的重要分支，为数据挖掘提供了强大的技术支持。下面将详细探讨机器学习在数据挖掘中的应用，包括其应用场景、常用算法及面临的挑战和未来发展。

（一）机器学习在数据挖掘中的应用场景

机器学习在数据挖掘中的应用场景十分广泛，涵盖了诸多领域。以下是一些典型的应用场景。

市场营销与客户关系管理：通过机器学习算法，企业可以对客户数据进行深入挖掘，实现精准营销和个性化服务。例如，利用分类算法对客户进行细分，针对不同客户群体制定不同的营销策略；利用聚类算法发现潜在客户群体，拓展市场份额；利用关联规则挖掘算法发现商品之间的关联关系，提高销售额等。

金融风控与信用评估：在金融领域，机器学习可以帮助银行、保险公司等机构进行风险控制和信用评估。通过构建预测模型，对借款人的还款能力、违约风险等进行预测和评估，为金融机构提供决策支持。此外，机器学习还可以用于识别欺诈行为、反洗钱等领域，提高金融安全。

医疗健康与生物信息学：在医疗领域，机器学习可以对海量的医疗数据进行分析，帮助医生进行疾病诊断、治疗方案制定及药物研发等。例如，利用分类算法对疾病进行自动诊断；利用聚类算法对病例进行分组，发现疾病的共同特征；利用回归算法预测疾病的发展趋势等。此外，机器学习还可以用于生物信息学领域，如基因序列分析、蛋白质结构预测等。

物联网与智能交通：在物联网领域，机器学习可以实现对海量传感器数据的处理和分析，实现设备的智能控制和优化。在智能交通方面，机器学习可以用于交通流量预测、拥堵预警、路径规划等，提高交通运行效率。

（二）机器学习在数据挖掘中的常用算法

机器学习在数据挖掘中涉及多种算法，每种算法都有其独特的应用场景和优势。以下是一些常用的机器学习算法及其在数据挖掘中的应用。

分类算法：分类算法用于将数据划分为不同的类别。常见的分类算法包括决策树、支持向量机（SVM）、朴素贝叶斯等。这些算法可以用于客户细分、垃圾邮件识别、疾病诊断等场景。

聚类算法：聚类算法用于将数据划分为相似的群组。常见的聚类算法包括 K - means、层次聚类等。聚类算法在客户分群、市场细分、社交网络分析等方面具有广泛应用。

关联规则挖掘算法：关联规则挖掘算法用于发现数据项之间的关联关系。最著名的关联规则挖掘算法是 Apriori 算法，它广泛应用于商品推荐、购物篮分析等场景。

回归算法：回归算法用于预测数值型数据的变化趋势。常见的回归算法包括线性回归、逻辑回归等。回归算法可以用于股票价格预测、销售额预测等场景。

深度学习算法：深度学习是机器学习的一个子领域，通过构建深度神经网络来模拟人脑的学习过程。深度学习在图像识别、语音识别、自然语言处理等领域取得了显著成果，并在数据挖掘中发挥着越来越重要的作用。

（三）机器学习在数据挖掘中面临的挑战与未来发展

尽管机器学习在数据挖掘中取得了显著成果，但仍面临一些挑战和问题。首先，数据质量问题是影响机器学习应用效果的关键因素。在实际应用中，数据往往存在噪声、缺失值和不一致性等问题，需要进行有效的数据预处理和清洗。其次，算法选择和参数调优也是机器学习应用中的难点。不同的算法和参数设置对挖掘结果的影响很大，需要根据具体问题和数据特点进行选择和调整。此外，随着数据规模的不断增长和算法复杂度的提高，计算资源和时间成本也成为制约机器学习应用的重要因素。

未来，随着技术的不断进步和应用场景的拓展，机器学习在数据挖掘中的应用将更加广泛和深入。一方面，新的机器学习算法和模型将不断涌现，提高数据挖掘的准确性和效率；另一方面，机器学习将与其他技术如大数据、云计算、物联网等深度融合，形成更加智能化和高效的数据处理和分析体系。同时，随着隐私保护和数据安全性的日益受到重视，如何在保护用户隐私的前提下进行数据挖掘和机器学习也是未来需要关注的重要问题。

综上所述，机器学习在数据挖掘中发挥着重要作用，具有广泛的应用前景。随着技术的不断进步和应用场景的拓展，我们相信机器学习将在数据挖掘领域取得更加显著的成果，为企业和社会的发展提供更多有价值的信息和支持。

三、大数据驱动的决策支持系统

随着信息技术的飞速发展，大数据已成为企业决策和战略制定不可或缺的重要资源。大数据驱动的决策支持系统（Decision Support System，DSS）以其强大的数据处理和分析能力，为企业提供了科学、高效的决策支持。下面将详细探讨大数据驱动的决策支持系统的构建、应用及其未来发展。

（一）大数据驱动的决策支持系统的构建

构建大数据驱动的决策支持系统需要综合考虑多个方面，包括数据收集与整合、数据处理与分析、决策模型构建及用户界面设计等。

首先，数据收集与整合是构建决策支持系统的基石。企业需要从多个来源收集数据，包括内部数据库、外部市场数据、社交媒体等，确保数据的完整性和准确性。同时，还需要对数据进行清洗和整合，消除重复、错误和不一致的数据，为后续的分析和决策提供支持。

其次，数据处理与分析是决策支持系统的核心。通过运用机器学习、数据挖掘等先进技术，对大数据进行深度挖掘和分析，提取出有价值的信息和模式。这些信息和模式可以帮助企业发现市场趋势、预测未来走向、评估潜在风险等，为决策提供有力支持。

此外，决策模型构建也是决策支持系统的重要组成部分。根据企业的业务需求和决策目标，选择合适的决策模型，如预测模型、优化模型等，将数据分析结果转化为具体的决策建议。这些建议可以帮助企业制定更加科学、合理的战略和计划。

最后，用户界面设计也是构建决策支持系统不可忽视的一环。一个友好、直观的用户界面可以提高用户的使用体验，降低学习成本。通过设计简洁明了的操作界面和可视化展示方式，使用户能够轻松理解和使用决策支持系统。

（二）大数据驱动的决策支持系统的应用

大数据驱动的决策支持系统广泛应用于各个领域，为企业提供了强大的决策支持能力。以下是一些典型的应用场景。

市场分析与预测：通过对市场数据的收集和分析，决策支持系统可以帮助企业了解市场需求、竞争态势及消费者行为等，为市场策略的制定和调整提供科学依据。同时，还可以利用预测模型对未来市场趋势进行预测，为企业提前做好准备。

风险管理与评估：决策支持系统可以对企业的各项风险进行实时监测和评估，包括财务风险、市场风险、运营风险等。通过构建风险预警机制，及时发现潜在风险并采取相应的应对措施，降低企业的风险损失。

供应链优化与管理：利用大数据驱动的决策支持系统，企业可以对供应链进行全面优化和管理。通过对供应链数据的收集和分析，了解供应链的运作情况、瓶颈问题及潜在改进点等，制定更加高效、灵活的供应链策略。

客户关系管理：决策支持系统可以帮助企业更好地了解客户需求和行为，实现精准营销和个性化服务。通过对客户数据的挖掘和分析，发现客户的潜在需求和偏好，制定相应的营销策略和服务方案，提高客户满意度和忠诚度。

（三）大数据驱动的决策支持系统的未来发展

随着技术的不断进步和应用场景的不断拓展，大数据驱动的决策支持系统将迎来更加广阔的发展前景。

首先，随着云计算、边缘计算等技术的发展，决策支持系统的计算能力和存储能力将得到进一步提升。这将使得系统能够处理更大规模、更复杂的数据集，提高决策支持的准确性和效率。

其次，随着人工智能技术的深入应用，决策支持系统将更加智能化和自动化。通过运用自然语言处理、机器学习等技术，系统能够自动理解用户的需求和问题，并提供相应的决策建议。这将大大降低用户的学习成本和使用难度，提高决策支持的普及率和实用性。

此外，随着数据安全和隐私保护意识的提高，决策支持系统将更加注重数据的安全性和隐私保护。通过采用加密技术、访问控制等手段，确保数据在收集、存储、分析和使用过程中的安全性和隐私性，保护用户的合法权益。

综上所述，大数据驱动的决策支持系统以其强大的数据处理和分析能力，为企业提供了科学、高效的决策支持。随着技术的不断进步和应用场景的不断拓展，决策支持系统将在未来发挥更加重要的作用，为企业和社会的发展做出更大的贡献。

第五节　大数据可视化与交互分析技术

一、数据可视化的基本原理

数据可视化作为数据处理与分析领域的重要分支，旨在通过图形、图像、动画等视觉形式，将复杂的数据信息以直观、易懂的方式呈现出来。这一技术的核心在于利用视觉感知系统，帮助人们更快速地捕捉数据中的关键信息，挖掘潜在价值，并据此做出更准确的决策。下面将从基本原理、核心技术及应用案例三个层面，对数据可视化进行深入探讨。

（一）数据可视化的基本原理

数据可视化的基本原理主要包括信息映射和视觉编码两个过程。信息映射是将数据结构中的属性、关系等信息抽象为可视化对象的过程，如点、线、面等几何元素或颜色、大小、形状等视觉属性。视觉编码则是将这些可视化对象按照一定规则组合成图像或动画，以展示数据的内在规律和特征。

在数据可视化过程中，需要遵循一些基本原则，以确保信息的准确传达和有效理解。首先，可视化设计应简洁明了，避免过多的视觉元素干扰信息的表达。其次，可视化结果应易于理解，通过直观的图形和色彩搭配，使观众能够迅速捕捉数据的主要信息。此外，可视化还应强调信息的层次感和结构性，以便观众能够深入探究数据的细节和内在联系。

（二）数据可视化的核心技术

数据可视化的实现离不开一系列核心技术的支持。首先，数据预处理技术是数据可视化的基础，包括数据清洗、转换、聚合等操作，以消除噪声、异常值和冗余信息，使数据更适合于可视化表达。其次，可视化映射技术是实现信息映射的关键，它根据数据的属性和关系，选择合适的可视化对象和视觉属性进行表达。此外，视觉编码技术则是将可视化对象组合成图像或动画的过程，它涉及色彩搭配、布局设计、交互设计等多个方面。

随着技术的不断发展，数据可视化领域还涌现出许多新兴技术，如虚拟现实（VR）、增强现实（AR）和三维可视化等。这些技术为数据可视化提供了更丰富的表达形式和更沉浸式的体验，使得观众能够更深入地了解数据的内在规律和特征。

（三）数据可视化的应用案例

数据可视化在众多领域都有着广泛的应用。在商业领域，数据可视化可以帮助企业分析市场趋势、消费者行为等信息，为制定营销策略和决策提供支持。在医疗领域，数据可视化可以辅助医生诊断疾病、分析病情，提高医疗质量和效率。在教育领域，数据可视化可以帮助教师和学生更直观地了解知识结构和内在联系，提高教学效果和学习成果。

此外，数据可视化在科研领域也发挥着重要作用。科研人员可以通过数据可视化技术，将复杂的实验数据以图形化的方式展示出来，便于发现数据中的规律和趋势，推动科研进展。同时，数据可视化还可以用于科普教育，将深奥的科学知识以直观易懂的形式呈现给公众，提高科学素养。

总之，数据可视化作为一种强大的数据处理与分析工具，正在越来越多的领域得到应用。通过深入研究数据可视化的基本原理和核心技术，我们可以更好地利用这一技术挖掘数据中的潜在价值，为决策提供支持。同时，随着技术的不断进步和应用场景的不断拓展，数据可视化将在未来发挥更加重要的作用。

二、交互式数据分析工具

在数据驱动时代，交互式数据分析工具正逐渐成为企业和个人进行数据探索、分析和洞察的关键工具。这些工具通过提供直观、易用的界面及强大的数据处理和分析功能，使得用户可以更加高效地进行数据分析和决策制定。下面将从交互式数据分析工具的定义、功能特点及实际应用三个方面进行深入探讨。

（一）交互式数据分析工具的定义与特点

交互式数据分析工具是一种能够提供实时数据交互、可视化展示及复杂分析功能的软件应用。它不同于传统的数据分析软件，更加强调用户与数据的实时互动和直观展示，使得用户能够更加方便地进行数据探索、分析和理解。

交互式数据分析工具的特点主要体现在以下几个方面。

实时交互性：用户可以通过简单的操作，如拖拽、点击等，与工具进行实时交互，实现数据的筛选、排序、聚合等操作，从而快速获取所需的信息。

可视化展示：工具能够将数据以图表、图像等形式直观地展示出来，帮助用户更加清晰地理解数据的分布、趋势和关联关系。

强大的分析功能：除了基本的统计分析外，交互式数据分析工具还支持数据挖掘、机器学习等高级分析功能，帮助用户发现数据中的潜在价值和规律。

易用性：工具通常采用直观的操作界面和友好的用户体验设计，使得用户无需具备专业的数据分析技能也能轻松上手。

（二）交互式数据分析工具的主要功能

交互式数据分析工具具备多种功能，以满足不同用户的数据分析需求。以下是其主要功能的介绍。

数据导入与预处理：工具支持多种格式的数据导入，包括 CSV、Excel、数据库等，同时提供数据清洗、转换和整合等预处理功能，确保数据的准确性和一致性。

数据可视化：通过丰富的图表类型（如柱状图、折线图、散点图等）和自定义选项，用户可以轻松进行各种可视化展示，直观地理解数据的结构和模式。

数据探索与查询：用户可以利用交互式界面进行数据的筛选、排序和聚合操作，快速定位到感兴趣的数据子集，并进行深入的探索和分析。

统计分析：工具提供基本的统计分析功能，如均值、中位数、众数等计算，以及更高级的统计检验和回归分析等，帮助用户挖掘数据的内在规律和关联关系。

机器学习与数据挖掘：部分高级交互式数据分析工具还集成了机器学习和数据挖掘算法，支持用户进行聚类分析、分类预测等高级分析任务。

报告与分享：用户可以将分析结果以报告的形式导出，包括图表、表格和文字描述等，方便与其他团队成员或利益相关者分享和交流。

（三）交互式数据分析工具的实际应用

交互式数据分析工具在各个领域都有广泛地应用，以下是几个典型的实例。

商业智能与决策支持：在商业领域，交互式数据分析工具可以帮助企业分析市场趋势、消费者行为、销售数据等，为制定营销策略和决策提供支持。例如，通过可视化展示销售数据，企业可以直观地了解产品在不同地区、不同时间段的销售情况，从而调整市场策略。

科学研究与数据分析：在科研领域，交互式数据分析工具可以帮助研究人员处理和分析实验数据，发现数据中的规律和趋势。科研人员可以通过工具进行数据的可视化展示和交互探索，从而更加深入地理解实验结果和现象。

金融风控与信用评估：在金融领域，交互式数据分析工具可以帮助银行、保险公司等机构进行风险控制和信用评估。通过对客户数据、交易数据等进行深入分析，机构可以识别潜在风险点，提高风险防控能力。

教育与培训：在教育领域，交互式数据分析工具可以用于辅助教学和学生自主学习。教师可以通过工具展示教学数据，帮助学生更好地理解知识点；学生则可以利用工具进行自主学习和数据分析实践，提高数据素养和分析能力。

总之，交互式数据分析工具以其强大的功能和广泛的应用场景，正逐渐成为数据分析和决策制定的必备工具。随着技术的不断进步和应用场景的不断拓展，交互式数据分析工具将在未来发挥更加重要的作用，为各个领域的数据分析工作提供更加高效、便捷的支持。

三、可视化在大数据探索中的应用案例

在大数据时代，数据的规模和复杂性不断攀升，传统的数据分析方法已经难以满足人们对数据深层价值和规律的探索需求。可视化作为一种直观、高效的数据表达方式，正逐渐成为大数据探索的重要工具。通过可视化技术，人们可以更加直观地理解数据的分布、关联和趋势，从而发现数据中隐藏的价值和规律。下面将通过三个应用案例，探讨可视化在大数据探索中的应用及其带来的价值。

（一）电商行业中的用户行为分析

随着电商行业的快速发展，用户行为数据呈现出爆炸式增长。为了更好地理解用户购物习惯、优化产品推荐和提升用户体验，电商平台需要利用可视化技术对海量用户行为数据进行分析。

通过可视化工具，电商企业可以将用户的浏览、搜索、购买等行为数据以图形化的方式展示出来。例如，可以绘制用户购物路径图，展示用户从进入网站到完成购买的整个过程；可以构建用户画像，展示不同用户群体的购物偏好和行为特征；还可以利用时间序列分析，展示用户行为随时间的变化趋势。这些可视化结果不仅可以帮助企业更加深入地了解用户需求和行为模式，还可以为产品优化、营销策略制定提供有力支持。

（二）医疗领域中的疾病预测与诊断

在医疗领域，大数据和可视化技术的结合为疾病预测和诊断提供了新的可能性。通过对海量医疗数据的分析和可视化展示，医生可以更加准确地判断病情、制定治疗方案，提高医疗质量和效率。

以基因组数据为例，通过可视化技术，研究人员可以将复杂的基因组数据以直观的方式展示出来，如基因表达图谱、突变位点分布图等。这些可视化结果可以帮助医生快速识别与疾病相关的基因变异和表达模式，为疾病的早期预测和诊断提供重要依据。此外，可视化技术还可以用于分析医学影像数据，如 CT、MRI 等图像，帮助医生更准确地判断病灶位置和性质，提高诊断准确率。

（三）智慧城市管理中的交通流量分析

在智慧城市建设中，交通流量数据是城市管理和规划的重要依据。通过可视化技术，可以对交通流量数据进行实时分析和展示，为城市交通拥堵治理、道路规划等提供有力支持。

例如，可以利用可视化工具绘制交通流量热力图，展示不同时间段、不同路段的交通流量分布情况。这些可视化结果可以帮助城市管理者快速识别交通拥堵的瓶颈区域和高峰时段，制定相应的交通疏导措施。同时，可视化技术还可以用于分析交通流量的变化趋势和规律，为城市道路规划和交通设施建设提供科学依据。

　　综上所述，可视化在大数据探索中发挥着重要作用。通过直观、高效的可视化展示，人们可以更加深入地理解数据的内在规律和价值，为决策制定和问题解决提供有力支持。随着技术的不断进步和应用场景的不断拓展，可视化将在更多领域发挥重要作用，推动大数据探索和应用的深入发展。

　　然而，值得注意的是，可视化在大数据探索中的应用也面临一些挑战。首先，大数据的复杂性和多样性要求可视化工具具备更强的数据处理和展示能力。其次，可视化结果的准确性和可读性对于用户来说至关重要，需要不断优化和改进可视化算法和设计。此外，随着数据安全和隐私保护问题的日益突出，如何在保证数据安全的前提下进行大数据可视化探索也是一个亟待解决的问题。

　　未来，随着技术的不断创新和应用场景的不断拓展，可视化在大数据探索中的应用将更加广泛和深入。我们期待看到更多创新的可视化工具和方法出现，为大数据探索和应用提供更加高效、便捷的支持，推动数据驱动决策和智能化发展。

第四章
人工智能与大数据的融合

第一节　人工智能与大数据融合的优势和挑战

一、融合带来的效率提升与创新机会

在当今快速发展的时代背景下，融合已成为推动社会进步的重要动力。无论是技术融合、产业融合还是文化融合，它们都为我们的生活和工作带来了前所未有的效率提升和创新机会。下面将从三个方面详细探讨融合带来的效率提升与创新机会。

（一）技术融合推动效率提升与创新

技术融合是指不同技术领域之间的交叉与融合，它打破了传统技术的界限，推动了技术的创新与发展。随着信息技术的飞速发展，云计算、大数据、人工智能等先进技术不断融合，为各行各业带来了前所未有的效率提升和创新机会。

首先，技术融合提高了数据处理和分析的效率。通过云计算和大数据技术，企业可以实时收集、存储和分析海量数据，从而快速洞察市场趋势和消费者需求，为决策制定提供有力支持。同时，人工智能技术的应用使得数据处理和分析更加智能化和自动化，进一步提高了工作效率。

其次，技术融合催生了新业态和新模式。例如，物联网技术将物理世界与数字世界相融合，推动了智能制造、智慧城市等领域的快速发展。此外，虚拟现实、增强现实等技术的融合也为娱乐、教育等行业带来了全新的体验和创新。

（二）产业融合促进效率提升与创新发展

产业融合是指不同产业之间的交叉与融合，它打破了传统产业的界限，推动了产业的升级和转型。随着全球化的深入发展，产业融合已成为推动经济发展的重要力量。

首先，产业融合提高了资源配置的效率。通过跨产业合作与整合，企业可以充分利用各自的优势资源，实现资源共享和优势互补，从而提高资源利用效率。同时，产业融合也推动了产业链的延伸和拓展，为企业提供了更多的发展机会和空间。

其次，产业融合催生了新的商业模式和经济增长点。例如，互联网与金融、教育、

医疗等产业的融合，催生了互联网金融、在线教育、远程医疗等新型商业模式，为经济增长注入了新的动力。此外，文化产业与旅游、体育等产业的融合也为文化产业的创新发展提供了新的路径。

（三）文化融合激发效率提升与创新思维

文化融合是指不同文化之间的交流与融合，它有助于增进相互理解和尊重，推动文化的创新与发展。在全球化背景下，文化融合已成为推动文化交流与发展的重要手段。

首先，文化融合提高了人们的创新思维能力。不同文化之间的交流与碰撞可以激发人们的创新灵感和想象力，为解决问题提供新的思路和方法。同时，文化融合也有助于拓宽人们的视野和认知，使人们更加开放和包容地面对不同的文化和观念。

其次，文化融合推动了文化产业的创新发展。通过借鉴和吸收不同文化的元素和特色，文化产业可以创造出更多具有独特魅力和市场竞争力的文化产品。同时，文化融合也为文化产业提供了更广阔的市场空间和发展机遇。

综上所述，融合带来的效率提升与创新机会是显而易见的。无论是技术融合、产业融合还是文化融合，它们都为我们的生活和工作带来了前所未有的变革和进步。在未来的发展中，我们应继续推动各领域之间的融合与发展，不断挖掘和释放融合的潜力和价值，为社会进步和经济发展贡献更多的力量。同时，我们也需要关注融合过程中可能出现的问题和挑战，如技术安全、文化冲突等，并采取有效措施加以应对和解决。只有这样，我们才能更好地利用融合带来的效率提升与创新机会，推动社会的持续发展和进步。

二、技术融合中的难点与障碍

随着科技的迅猛发展，技术融合已成为推动社会进步和经济发展的重要力量。然而，在实际应用中，技术融合并非一帆风顺，它面临着诸多难点和障碍。下面将深入探讨技术融合过程中的三个主要难点与障碍，并试图提出相应的解决策略。

（一）技术兼容性与标准化问题

技术兼容性与标准化是技术融合过程中的首要难点。不同的技术系统往往采用不同的协议、标准和接口，这使得它们之间的互联互通变得困难重重。例如，在物联网领域，各种设备和传感器之间的兼容性问题一直是制约其发展的瓶颈之一。此外，即使实现了技术上的兼容，标准化问题也不容忽视。缺乏统一的标准和规范，会导致不同系统之间的数据交换和信息共享变得复杂而低效。

解决这一难点，需要政府、企业和研究机构共同努力。政府应制定和完善相关技术标准和规范，推动各行业之间的标准化工作。企业应积极参与标准制定过程，提出自己的技术需求和解决方案。研究机构则应加强对技术兼容性和标准化的研究，为实际应用提供理论支持和技术指导。

（二）数据安全与隐私保护挑战

技术融合带来的另一个难点是数据安全与隐私保护问题。随着大数据、云计算和人工智能等技术的广泛应用，数据泄露、隐私侵犯等风险日益凸显。技术融合过程中，不同系统之间的数据共享和交换使得数据安全风险进一步加大。同时，由于技术的复杂性和不确定性，数据安全漏洞和隐患也难以完全避免。

面对这一挑战，我们需要采取一系列措施来加强数据安全与隐私保护。首先，加强技术防范，采用先进的加密技术和安全防护措施，确保数据的完整性和保密性。其次，建立健全数据管理制度，明确数据的使用权限和责任主体，防止数据滥用和泄露。此外，加强法律法规建设，制定和完善数据安全和隐私保护相关法律法规，为技术融合提供有力的法律保障。

（三）技术更新与人才培养滞后

技术融合还面临着技术更新与人才培养滞后的难点。随着新技术的不断涌现和更新换代，现有的人才队伍往往难以适应新的技术需求。同时，由于技术融合涉及多个领域和学科，需要具备跨学科知识和综合能力的人才来支撑其发展。然而，目前的人才培养体系往往过于单一和专业化，难以培养出适应技术融合需求的高素质人才。

为了解决这一问题，我们需要加强人才培养和引进工作。首先，建立跨学科的人才培养机制，鼓励学生在多个领域和学科之间进行交叉学习和实践。其次，加强职业教育和培训，提高现有人才的技术水平和适应能力。此外，积极引进海外优秀人才和技术团队，为技术融合提供强有力的人才支撑。

综上所述，技术融合虽然带来了诸多机遇和优势，但同时也面临着诸多难点和障碍。为了克服这些难点和障碍，我们需要从多个方面入手，加强技术兼容性与标准化、数据安全与隐私保护及技术更新与人才培养等方面的工作。只有这样，我们才能更好地推动技术融合与发展，为社会的进步和经济的繁荣做出更大的贡献。

同时，我们还需要认识到技术融合是一个长期而复杂的过程，需要政府、企业和社会各界的共同努力和持续投入。在未来的发展中，我们应密切关注技术融合的最新动态和趋势，不断调整和优化策略措施，以应对可能出现的新的难点和挑战。通过不断地探索和实践，我们有望克服技术融合中的难点与障碍，实现技术创新的跨越式发展。

三、技术融合对未来社会的潜在影响

（一）技术融合的定义和背景

技术融合是指不同领域、不同技术之间的交叉和结合，通过整合已有技术资源，创造出新的应用和价值。这种融合能够促进技术的创新和发展，加速产业升级和社会进步。

技术融合的背景源于科技发展的迅速和跨界合作的需求。随着科技的不断进步,单一技术很难满足复杂问题的需求,因此各领域开始积极探索技术融合的可能性。例如,人工智能与生物技术的结合可以推动医疗领域的革新,物联网和大数据技术的融合可以提高城市管理的效率,智能制造和新能源技术的结合可以推动工业升级和可持续发展。

(二)技术融合对未来社会的潜在影响

1. 经济领域

技术融合将为经济发展带来巨大的推动力。通过整合各种技术资源,创造出新的产品、服务和商业模式,可以开拓新的市场空间,提高产业竞争力。例如,新兴的数字经济领域就是技术融合的产物,互联网、人工智能、大数据等技术相互交叉,催生出了电子商务、在线教育、共享经济等新型产业,为经济增长注入了新的动力。

2. 社会领域

技术融合也将对社会结构和生活方式产生深远影响。一方面,新技术的普及和应用将改变人们的工作方式和生活习惯,促进信息化、智能化和个性化发展。另一方面,技术融合也会带来一些社会问题,如数字鸿沟、个人隐私保护等,需要政府、企业和社会各界共同努力来解决。

3. 环境领域

技术融合有望为环境保护和可持续发展提供新的解决方案。通过整合能源、环保、物联网等技术,可以提高资源利用效率,降低能源消耗和污染排放,推动绿色、低碳发展。例如,智能能源管理系统可以实现能源的智能调度和优化利用,生物技术和纳米技术可以开发出更环保的材料和能源。

(三)应对技术融合带来的挑战

技术融合虽然带来了诸多机遇,但也面临着一些挑战和风险。首先,技术融合可能加剧产业竞争和资源紧张,导致一些行业和地区的发展不平衡。其次,技术融合可能加剧信息不对称和个人隐私泄露的问题,引发社会不稳定和信任危机。再者,技术融合可能加剧环境污染和资源浪费,导致生态系统的恶化和气候变化的加剧。

为了应对技术融合带来的挑战,需要加强国际合作和政策协调,加强技术研发,提升创新能力,加强法律法规和监管制度建设,加强公众教育和参与,共同推动技术融合的健康发展,实现经济增长、社会进步和环境保护的良性循环。

技术融合是未来社会发展的重要趋势,它将深刻影响经济、社会和环境的方方面面。只有充分认识技术融合的潜在影响,加强合作和创新,才能把握机遇,应对挑战,共同实现可持续发展的目标。

第二节　人工智能与大数据融合的关键技术和方法

一、数据预处理与特征工程

在机器学习和数据分析领域中，数据预处理和特征工程是至关重要的步骤。它们直接影响了模型的性能和结果的质量。下面将详细介绍数据预处理和特征工程的流程、方法和技术，并结合实例进行说明。

（一）数据预处理

1. 数据清洗

数据清洗是数据预处理的首要步骤，旨在识别和纠正数据集中的错误、不完整或不准确的部分。这包括处理缺失值、异常值和重复值等。

（1）处理缺失值

缺失值是指数据集中某些字段或条目缺少数值或信息。常见的处理方法包括删除带有缺失值的条目、用平均值或中位数填充缺失值，或者使用回归模型进行预测填充。

（2）处理异常值

异常值是指与大多数数据不一致的数值，可能是由于测量错误或数据录入错误引起的。处理异常值的方法通常包括剔除异常值、用平均值或中位数替换异常值，或者使用插值技术进行估算。

（3）处理重复值

重复值是指数据集中存在完全相同的记录。处理重复值的方法是将重复记录删除，以确保数据集的唯一性和准确性。

2. 数据转换

数据转换是将原始数据转换为更适合模型训练的形式。这包括对数据进行标准化、归一化、离散化等处理。

（1）标准化

标准化是将数据按比例缩放，使之符合标准正态分布。这可以通过减去均值然后除以标准差来实现，使数据的均值为 0，标准差为 1。

（2）归一化

归一化是将数据缩放到一个固定范围，通常是 ［0，1］ 或 ［-1，1］。这可以确保不同特征的数值范围相似，避免某些特征对模型训练产生过大影响。

（3）离散化

离散化是将连续型数据转换为离散型数据。这可以通过分箱（binning）或者使用聚类算法将数据分组实现。离散化可以降低数据的复杂度，提高模型的效率。

3. 数据集划分

数据集划分是将数据集分为训练集、验证集和测试集的过程。这是为了评估模型的性能和泛化能力而必要的步骤。

（1）训练集

训练集用于训练模型参数，是模型学习的来源。

（2）验证集

验证集用于调整模型的超参数和评估模型的性能，可以帮助选择最佳的模型。

（3）测试集

测试集用于评估最终模型的性能和泛化能力，是模型真实表现的评价标准。

（二）特殊工程

1. 特征提取

特征提取是从原始数据中提取出能够表达数据特征的关键信息。这包括文本特征提取、图像特征提取、音频特征提取等。

（1）文本特征提取

文本特征提取包括词袋模型、TF-IDF 模型、word2vec 模型等。这些模型能够将文本数据转换为机器学习算法能够处理的数值型特征。

（2）图像特征提取

图像特征提取包括颜色直方图、纹理特征、形状特征等。这些特征能够描述图像的视觉信息，用于图像识别和分类任务。

（3）音频特征提取

音频特征提取包括 MFCC 系数、声谱图、声调特征等。这些特征能够描述音频的声音信息，用于语音识别和音频分类任务。

2. 特征选择

特征选择是从已提取的特征中选择出最具代表性和最相关的特征，以提高模型的性能和泛化能力。

（1）过滤法

过滤法通过统计量或相关性指标来评估特征的重要性，然后选择重要性较高的特征。

（2）包裹法

包裹法通过训练模型并评估特征的性能来选择特征，从而选择出对模型性能影响最大的特征子集。

（3）嵌入法

嵌入法是将特征选择过程嵌入模型训练过程中，使模型能够自动选择最佳的特征组合。

3. 特征构建

特征构建是利用已有的特征进行组合、变换或衍生，生成新的特征以提高模型的表现。

（1）特征组合

特征组合是将已有的特征进行加减乘除等运算，生成新的特征。

（2）特征变换

特征变换是对已有的特征进行数学变换，如对数变换、指数变换、多项式变换等，以改变特征的分布或提取更多的信息。

（3）特征衍生

特征衍生是根据已有特征的某种特性或规律，构建出新的特征。例如，从时间戳中提取出小时、分钟等时间信息作为新特征。

数据预处理和特征工程是机器学习和数据分析中不可或缺的步骤，对于构建高性能的模型至关重要。在数据预处理阶段，我们需要清洗数据、转换数据并划分数据集，以确保数据的质量和适用性。而特征工程则包括特征提取、特征选择和特征构建等步骤，旨在从原始数据中提取出最具代表性和最相关的特征，以提高模型的性能和泛化能力。通过合理的数据预处理和特征工程，我们可以为模型的训练和预测奠定良好的基础，从而取得更好的效果。

二、模型选择与优化

在机器学习领域，选择合适的模型并对其进行优化是构建高效预测系统的关键步骤。下面将深入探讨模型选择与优化的方法和技巧，并通过实例说明其应用。

（一）模型选择

1. 理解不同类型的模型

在选择模型之前，首先需要理解不同类型的模型及其适用场景。常见的机器学习模型包括：

（1）线性模型

线性模型是一类基于线性关系假设的模型，如线性回归、逻辑回归等。适用于特征与目标变量之间呈现线性关系的场景。

（2）非线性模型

非线性模型可以捕捉到数据中的非线性关系，如决策树、支持向量机、神经网络等。适用于数据具有复杂结构或特征之间存在复杂交互的场景。

（3）集成模型

集成模型通过组合多个基础模型来提高预测性能，如随机森林、梯度提升树等。适用于大规模数据和高维特征的场景。

2. 评估模型性能

选择模型时，需要通过评估其性能来确定其优劣。常用的评估指标包括准确率、精确率、召回率、F1 值等。同时，还可以通过交叉验证、ROC 曲线、学习曲线等方法来评估模型的泛化能力和稳定性。

3. 选择最佳模型

根据数据的特点和问题的需求，选择最合适的模型。可以通过实验比较不同模型在同一数据集上的性能，或者根据模型的特点和优缺点来选择最适合的模型。

（二）模型优化

1. 超参数调优

超参数是在模型训练之前需要设置的参数，如学习率、正则化参数、树的深度等。通过调整超参数的值，可以提高模型的性能和泛化能力。常用的调优方法包括网格搜索、随机搜索、贝叶斯优化等。

2. 特征工程

特征工程在模型优化中也起着至关重要的作用。通过选择合适的特征、进行特征变换和组合，可以提高模型的表现。同时，还可以利用特征选择技术来筛选出最相关的特征，减少模型的复杂度。

3. 模型集成

模型集成是将多个模型的预测结果进行组合，以提高整体预测性能的方法。常见的集成方法包括投票法、堆叠法、加权平均法等。通过模型集成，可以降低模型的方差，提高模型的稳定性和泛化能力。

模型选择与优化是构建高效预测系统的关键步骤。选择合适的模型、优化模型参数、进行特征工程和模型集成，都可以有效提高模型的性能和泛化能力。在实际应用中，需要根据数据的特点和问题的需求，综合考虑不同模型和优化方法的优缺点，选择最合适的方案。同时，持续监控模型的性能，并根据实际情况进行调整和优化，才能确保模型始终保持在最佳状态。

三、融合技术在具体场景中的应用

融合技术在机器学习和数据分析领域中扮演着重要的角色，它将多个模型或方法进行整合，以提高预测性能、降低误差或增强鲁棒性。下面将深入探讨融合技术在具体场景中的应用，并结合实例进行说明。

（一）融合技术概述

融合技术是将多个独立模型或方法的预测结果结合起来，以获得更准确、更稳定的预测结果的一种方法。常见的融合技术包括模型集成、特征融合、结果融合等。融合技术的核心思想是通过综合利用不同模型或方法的优势，弥补它们各自的不足，从而提高整体预测性能。

（二）融合技术在具体场景中的应用

1. 模型集成

（1）随机森林

随机森林是一种集成学习方法，通过构建多棵决策树，并通过投票或平均等方式综合各个树的预测结果。在金融领域，随机森林常用于信用评分、风险管理等场景，通过综合多个决策树的预测结果，提高了对客户信用评估的准确性和稳定性。

（2）梯度提升树

梯度提升树是一种集成学习方法，通过逐步构建多棵决策树，并根据前一棵树的预测结果调整下一棵树的拟合目标，从而提高模型的性能。在网络安全领域，梯度提升树常用于入侵检测、恶意代码识别等场景，通过综合多棵树的预测结果，提高了对网络攻击的检测准确率。

2. 特征融合

（1）文本特征融合

在自然语言处理领域，常常需要从文本数据中提取多种类型的特征，如词袋模型、TF－IDF 特征、word2vec 特征等。通过将这些不同类型的特征进行融合，可以提高文本分类、情感分析等任务的性能。例如，在垃圾邮件分类任务中，可以将词袋模型和 word2vec 特征进行融合，以综合利用两种特征的信息，提高分类准确率。

（2）图像特征融合

在计算机视觉领域，常常需要从图像数据中提取多种类型的特征，如颜色直方图、纹理特征、形状特征等。通过将这些不同类型的特征进行融合，可以提高图像分类、目标检测等任务的性能。例如，在医学影像分析中，可以将颜色直方图和纹理特征进行融合，以综合利用图像的视觉信息，提高疾病诊断的准确率。

3. 结果融合

（1）投票法

投票法是一种简单有效的结果融合方法，通过将多个模型的预测结果进行投票，以选择得票数最多的类别或数值作为最终预测结果。在分类问题中，常用的投票法包括硬投票和软投票两种方式，分别是选取得票最多的类别和对各个类别的预测概率进行加权求和。在实际应用中，投票法常用于集成多个分类器或回归模型的预测结果，以提高整体预测准确率。

（2）堆叠法

堆叠法是一种高级的结果融合方法，通过训练一个元模型来结合多个基模型的预测结果，以提高整体预测性能。在堆叠法中，首先将数据集划分为多个子集，然后分别在每个子集上训练不同的基模型，最后将这些基模型的预测结果作为元特征，再训练一个元模型来融合这些预测结果。在实际应用中，堆叠法常用于解决复杂的分类或回归问题，如赛马预测、股票价格预测等。

融合技术在各个领域的具体应用中发挥着重要作用，通过综合利用多个模型或方法的优势，可以提高预测性能、降低误差、增强鲁棒性。在实际应用中，我们可以根据具体问题的特点和需求，选择合适的融合技术，并结合实际情况进行调整和优化，以获得最佳的预测效果。

第三节 人工智能与大数据融合在智慧城市中的应用

一、智慧城市的框架与关键技术

随着科技的迅猛发展，智慧城市已经成为当今社会发展的趋势之一。智慧城市通过信息技术的应用，实现了城市治理的智能化、高效化和可持续发展，为居民提供了更加便捷、舒适的生活环境。下面将探讨智慧城市的框架及其关键技术，以期为智慧城市建设提供参考。

（一）智慧城市的框架

1. 城市基础设施建设

智慧城市的建设首先需要健全的基础设施支撑。这包括城市的交通、能源、水务、通信等基础设施的建设和改造。例如，智能交通系统可以通过传感器、监控摄像头等设备实现交通流量的实时监测和调控，提高交通运输的效率和安全性；智能能源系统可以利用物联网技术实现能源的智能监测和管理，提高能源利用效率，减少能源浪费；智慧水务系统可以通过远程监测和控制技术实现对供水、排水等环节的智能化管理，提高水资源的利用效率，减少水资源浪费。

2. 信息化建设

智慧城市建设的核心是信息化建设。信息化建设涉及数据的采集、传输、存储、处理和应用等方面。智慧城市通过各种传感器、监测设备等感知设备采集城市各个方面的数据，利用物联网技术实现数据的实时传输和共享，利用云计算、大数据、人工智能等技术实现数据的存储、处理和分析，从而为城市管理决策提供科学依据。同时，智慧城市还通过移动互联网、移动终端等手段实现对城市信息的实时获取和分享，提高了城市居民的生活质量和工作效率。

3. 智慧服务建设

智慧城市建设的最终目的是为城市居民提供更加便捷、舒适的生活服务。智慧服务建设涉及城市的教育、医疗、就业、文化、旅游等方面。例如，智慧教育可以通过在线教育平台、智能教学设备等手段实现教育资源的共享和优化配置，提高教育教学的效率和质量；智慧医疗可以通过远程医疗、健康管理等手段实现医疗资源的优化配置和智能化管理，提高医疗服务的水平和效率；智慧就业可以通过人才信息共享平台、职业培训等手段实现人才的精准匹配和就业服务的个性化定制，促进就业机会的公平和充分利用。

（二）智慧城市的关键技术

1. 物联网技术

物联网技术是智慧城市建设的基础和核心技术之一。物联网技术通过各种传感器、监测设备等感知设备将物理世界的信息数字化，实现对物品的智能感知、智能识别和智能控制，从而实现对城市各个方面的实时监测和远程控制。物联网技术可以实现对城市交通、能源、环境、安全等方面的智能化管理，提高城市管理的精细化水平和效率。

2. 大数据技术

大数据技术是智慧城市建设的关键支撑技术之一。智慧城市通过各种感知设备和信息系统采集和积累了大量的数据，这些数据包含了城市各个方面的信息。大数据技术可以对这些数据进行存储、处理和分析，挖掘出其中的潜在规律和价值信息，为城市管理决策提供科学依据。同时，大数据技术还可以实现对城市居民的个性化服务和精准营销，提高了城市服务的水平和质量。

3. 人工智能技术

人工智能技术是智慧城市建设的重要支撑技术之一。人工智能技术可以对城市的数据进行深度学习和智能分析，从而实现对城市的智能化管理和决策支持。例如，人工智能技术可以通过对城市交通数据的分析预测交通拥堵情况，实现交通信号灯的智能控制和交通流量的优化调度；人工智能技术还可以通过对城市环境数据的分析预测空气质量、水质情况，实现环境污染的智能监测和治理。

综上所述，智慧城市的框架包括城市基础设施建设、信息化建设和智慧服务建设三个方面；而智慧城市的关键技术则包括物联网技术、大数据技术和人工智能技术。这些技术的应用将推动智慧城市建设向着更加智能、高效、可持续的方向发展。

二、AI 与大数据在城市治理中的应用

（一）AI 技术在城市治理中的应用

随着科技的不断进步和城市化进程的加速，城市治理面临着前所未有的挑战和机遇。人工智能（AI）作为一种新兴技术，正在为城市治理带来革命性的变革。AI 技术在城市治理中的应用，既提升了治理效率，又改善了居民生活质量。

首先，AI 技术在城市交通管理中发挥了重要作用。交通拥堵一直是城市面临的严重问题之一，而 AI 技术可以通过实时的交通数据分析和智能调度，畅通交通流动渠道，减少拥堵情况的发生。例如，智能交通信号灯可以根据实时路况自动调整绿灯时长，提高道路通行效率；智能导航系统可以根据交通情况为驾驶员提供最佳路线，减少通勤时间和能源消耗。

其次，AI 技术也在城市安全监控中发挥了重要作用。利用大数据分析和人工智能算法，城市管理者可以实时监测城市各个角落的安全情况，并及时采取应对措施。例如，智能监控摄像头可以识别异常行为并自动报警，提高了治安管理的效率；智能预警系统可以利用历史数据和模型预测潜在的安全风险，帮助城市管理者采取预防性措施。

此外，AI 技术还可以在城市环境保护和资源管理方面发挥作用。通过对大数据的

分析，可以更好地监测和预测环境污染情况，及时采取措施减少污染物排放；同时，AI 技术也可以优化资源利用，提高能源利用效率，推动城市可持续发展。

总的来说，AI 技术在城市治理中的应用，不仅提升了治理效率，提高了城市管理者的决策能力，还改善了居民的生活质量，促进了城市的可持续发展。

（二）大数据在城市治理中的应用

大数据作为一种全新的资源，正在改变着城市治理的方式和手段。通过对海量数据的收集、存储、处理和分析，城市管理者可以更准确地了解城市运行的各个方面，制定更科学的治理策略。

首先，大数据在城市规划和城市建设中发挥了重要作用。城市规划需要充分考虑到城市的发展趋势和居民需求，而大数据可以为城市规划者提供丰富的信息和数据支持。通过对人口流动、土地利用、交通状况等数据的分析，可以更好地制定城市规划方案，提高城市资源利用效率。

其次，大数据也在城市管理和公共服务方面发挥了重要作用。城市管理者可以通过对公共服务需求的大数据分析，合理配置城市资源，提高公共服务的质量和效率。例如，根据居民出行需求和偏好，优化公交线路设置；根据医疗资源分布和疾病流行趋势，优化医疗服务布局。

此外，大数据还可以在城市应急管理和灾害预防中发挥作用。通过对历史灾害数据和实时环境数据的分析，可以提前预警潜在灾害风险，并采取相应的防范措施，减少灾害造成的损失。同时，大数据也可以为城市应急响应提供支持，帮助城市管理者及时有效地应对突发事件。

总的来说，大数据在城市治理中的应用，为城市管理者提供了更多的决策依据和工具，提高了城市治理的科学性和精准度，促进了城市的健康发展。

AI 技术和大数据作为两种新兴技术，正在对城市治理产生深远的影响。它们为城市管理者提供了更多的数据支持和技术手段，帮助他们更好地应对城市治理中面临的各种挑战。然而，同时也需要注意隐私保护和数据安全等问题，在推动技术应用的同时，要加强对相关法律法规的制定和执行，保障公民的合法权益。相信随着技术的不断发展和城市治理理念的不断完善，AI 技术和大数据将会在城市治理中发挥越来越重要的作用，为建设智慧城市、实现城市可持续发展做出更大的贡献。

三、融合技术提升城市生活质量的案例

（一）智慧城市建设案例：深圳

深圳作为中国改革开放的前沿城市之一，致力于打造智慧城市，通过融合技术提升了城市的生活质量。在深圳，智慧交通系统是其中一个成功的案例。通过利用大数据分析、人工智能等技术，深圳实现了智能交通信号灯的调度，根据实时交通状况自动调整红绿灯时长，从而减少了交通拥堵，提高了通行效率，改善了居民的出行体验。

此外，深圳还通过智慧城市管理系统提升了城市的安全防范能力。智能监控摄像头可以自动识别异常行为，并及时报警，加强了城市的治安管理。同时，智慧城市管理系统还可以对城市各个方面的数据进行实时监测和分析，为城市管理者提供科学决策支持，促进了城市治理的现代化和精细化。

（二）可再生能源利用案例：哥本哈根

哥本哈根是丹麦的首都，以其可持续发展和环保理念而闻名。作为一个海洋性气候城市，哥本哈根积极探索利用可再生能源提升城市的生活质量。其中，风能是哥本哈根重要的可再生能源之一。该市建设了大规模的风力发电设施，利用海上和陆地的风力资源，为城市供电。通过大力发展风能产业，哥本哈根不仅实现了能源的自给自足，还有效降低了碳排放，改善了城市的环境质量，提升了居民的生活舒适度。

此外，哥本哈根还通过推广太阳能、生物能等可再生能源，进一步减少了对传统能源的依赖，推动了城市能源结构的转型，为城市的可持续发展奠定了坚实基础。

（三）智能城市管理案例：东京

东京作为世界上人口密度最高的城市之一，面临着诸多城市管理难题。为了提升城市的生活质量，东京利用先进的科技手段实现了智能城市管理。其中，智慧垃圾分类系统是一个成功的案例。通过在垃圾桶上安装智能识别装置和 RFID 标签，可以识别出垃圾的种类和数量，并自动分类、收集、运输和处理垃圾，大大提高了垃圾处理的效率和准确性，减少了对环境的污染，改善了城市的环境卫生。

此外，东京还利用人工智能和大数据技术优化了城市交通管理。通过分析实时的交通数据和人流数据，可以预测交通拥堵和人流高峰，及时调整交通信号灯、公共交通线路和班次，优化出行路线，提高了交通运输的效率，减少了通勤时间，提升了居民的出行体验。

综上所述，融合技术提升城市生活质量的案例不胜枚举。深圳通过智慧交通系统提高了交通运输效率，哥本哈根利用可再生能源改善了环境质量，东京通过智能城市管理系统提升了垃圾处理和交通管理的效率。这些案例充分展示了技术在城市治理和城市生活改善中的巨大潜力，也为其他城市提供了宝贵的经验和启示。

第四节 人工智能与大数据融合在医疗健康领域的应用

一、医疗健康大数据的整合与分析

医疗健康领域的大数据整合与分析是当今科技发展的重要方向之一。随着医疗信息化的推进和医疗技术的不断进步，医疗数据已经呈现出爆炸式增长的趋势，其中包括临床数据、生物信息数据、医疗影像数据等多种形式。通过对这些海量数据的整合和分析，可以挖掘出宝贵的信息，为医疗决策、疾病预防和个性化治疗提供重要支持。

（一）医疗健康大数据的整合

医疗健康大数据的整合是指将来自不同医疗机构、科研机构、医疗设备和个人健康记录等多个来源的数据进行收集、整合和存储，构建起完整、准确的医疗信息数据库。这些数据包括患者的基本信息、病历资料、实验室检查结果、影像资料、用药记录等多种类型，涵盖了从疾病的发生到治疗和康复的全过程。

医疗健康大数据的整合需要借助先进的信息技术手段，如云计算、大数据存储和分析平台等。通过建立统一的数据标准和数据交换机制，可以实现跨机构、跨地区的医疗数据共享和交流，提高医疗信息的利用效率，促进医疗资源的合理配置和医疗服务的协同发展。

（二）医疗健康大数据的分析

医疗健康大数据的分析是指对整合后的医疗数据进行深入挖掘和分析，发现其中的规律、趋势和关联性，为医疗决策和临床实践提供科学依据。医疗健康大数据的分析主要包括以下几个方面。

1. 临床研究与疾病预测

利用大数据分析技术，可以对临床试验数据和患者病历数据进行深入分析，发现潜在的疾病风险因素和病理机制，预测疾病的发生和发展趋势，为疾病的早期预防和诊断提供科学依据。

2. 个性化医疗和精准治疗

通过对患者基因组数据、生物标志物数据和临床表现数据等多种信息的综合分析，可以实现个体化的医疗诊断和治疗方案，为患者提供精准、有效的治疗方案，提高治疗效果和患者生活质量。

3. 医疗资源配置与管理优化

基于大数据分析的结果，可以对医疗资源的分布和利用情况进行评估和优化，合理规划医疗服务网络和医疗设施建设，提高医疗资源的利用效率，降低医疗成本，改善医疗服务的质量，扩大覆盖范围。

4. 健康管理与疾病监测

利用大数据分析技术，可以对人群的健康状况和疾病流行趋势进行实时监测和评估，发现健康风险因素和潜在流行病，及时采取预防和控制措施，保障公众健康安全。

（三）案例分析：美国医疗保险公司的健康管理系统

以美国医疗保险公司为例，其建立了庞大的健康管理系统，通过整合和分析医疗健康大数据，为保险客户提供个性化的健康管理服务。该系统可以实时监测客户的健康指标和医疗服务使用情况，预测客户可能出现的健康问题，有针对性地制订健康管理计划和预防措施，并与医疗机构和药品供应商进行合作，提供优质的医疗服务和药品供应，以提高客户的健康水平和生活质量。

综上所述，医疗健康大数据的整合与分析对于提升医疗服务质量、改善患者生活质量具有重要意义。随着信息技术的不断发展和医疗信息化水平的提高，相信医疗健康大数据的应用将会越来越广泛，为人类健康事业的发展做出更大的贡献。

二、AI 在医疗诊断与治疗中的应用

人工智能（AI）作为一种新兴技术，在医疗诊断与治疗领域展现出了巨大潜力。通过机器学习、深度学习等技术手段，AI 可以对医学影像、临床数据等进行高效、精准的分析，辅助医生进行诊断和治疗决策，提高医疗服务的质量和效率。本节将探讨 AI 在医疗诊断与治疗中的应用，并结合实际案例进行详细介绍。

（一）AI 在医学影像诊断中的应用

医学影像在临床诊断中起着至关重要的作用，包括 X 光片、CT 扫描、MRI 等影像技术。AI 在医学影像诊断中的应用主要体现在以下几个方面。

1. 辅助医生诊断

AI 可以通过深度学习算法学习大量医学影像数据，辅助医生进行影像识别和病变分析。例如，AI 可以自动识别 CT 影像中的肿瘤、结节等病变，帮助医生提高诊断准确率和速度。

2. 自动化影像分析

AI 可以自动分析医学影像中的各种参数和特征，如肿瘤大小、密度、位置等，并生成相应的报告，减轻医生的工作负担，提高诊断效率。

3. 个性化治疗规划

基于医学影像的分析结果，AI 可以为患者提供个性化的治疗方案。例如，在肿瘤治疗中，AI 可以根据肿瘤的大小、位置和生长速度等因素，为患者制定最佳的手术方案或放疗方案。

实际案例：Google Health 的 AI 辅助诊断系统

Google Health 开发了一款名为"DeepMind"的 AI 辅助诊断系统，可以通过深度学习算法对眼底照片进行分析，检测出糖尿病性视网膜病变等眼部疾病。该系统在临床试验中表现出了与专业眼科医生相当甚至更优的诊断准确率，为糖尿病患者提供了快速、精准的眼部检查服务，有助于早期发现和治疗糖尿病性眼病，避免了视力损伤和眼部并发症的发生。

（二）AI 在个性化治疗中的应用

个性化治疗是指根据患者的基因组信息、临床特征和生活习惯等个体化因素，为患者设计个性化的治疗方案。AI 在个性化治疗中的应用主要包括以下几个方面。

1. 基因组学分析

AI 可以通过分析患者的基因组数据，预测患者对特定药物的反应和耐受性，为临

床医生提供个性化的药物选择建议。例如，在肿瘤治疗中，AI 可以根据肿瘤基因突变情况，预测患者对靶向治疗药物的疗效，指导临床医生制定最佳的治疗方案。

2. 临床数据分析

AI 可以通过分析患者的临床数据，如病史、症状、实验室检查结果等，为临床医生提供个性化的治疗建议。例如，在慢性疾病管理中，AI 可以根据患者的临床表现和病情变化，调整治疗方案和用药剂量，实现治疗的个性化和精准化。

3. 远程健康监测

AI 可以通过智能穿戴设备、健康监测传感器等远程监测技术，实时监测患者的健康状况和生理参数，及时发现异常情况并提醒患者和医生采取相应的措施，实现健康管理的个性化和精细化。

实际案例：IBM Watson 的临床决策支持系统

IBM Watson 开发了一款名为"Watson for Oncology"的临床决策支持系统，可以通过人工智能技术对肿瘤患者的临床数据进行分析，为临床医生提供个性化的治疗建议。该系统可以根据患者的基因组信息、病史、病理检查结果等多种因素，为每位患者量身定制最佳的治疗方案，帮助医生提高治疗效果和患者生存率。

（三）AI 在手术辅助和机器人手术中的应用

随着机器学习技术的不断发展，AI 在手术辅助和机器人手术中的应用也日益成熟。AI 可以通过对手术过程的模拟和分析，提供精准的手术规划和操作指导，提高手术的安全性和准确性。具体而言，AI 在手术领域的应用主要包括以下几个方面。

1. 手术规划与导航

AI 可以通过对患者的影像数据进行分析，帮助医生制定手术方案并规划手术路径。在手术过程中，AI 可以提供实时的导航和定位信息，指导医生准确地操作手术器械，确保手术的精准性和安全性。

2. 手术辅助与操作

AI 可以通过机器学习算法学习大量手术数据和专家操作经验，模拟和优化手术操作过程。在实际手术中，AI 可以为医生提供实时的手术辅助和操作建议，帮助医生更加高效地完成手术任务。

3. 机器人辅助手术

基于 AI 技术的机器人系统可以实现对患者的精准定位和手术操作，减少手术风险和创伤，并提高手术的精准度和可控性。机器人手术系统通常配备有高分辨率的摄像头和精密的机械臂，可以实现微创手术和高难度手术，为患者提供更加安全和舒适的治疗体验。

实际案例：达·芬奇机器人手术系统

达·芬奇机器人手术系统是一种基于 AI 技术的机器人辅助手术系统，由美国 Intuitive Surgical 公司开发。该系统配备有高清晰度的三维摄像头和可操控的机械臂，可以实现对患者的精准定位和手术操作，减少手术创伤和并发症。达·芬奇机器人手术系统已经在多个领域得到了广泛应用，包括泌尿外科、胸外科、妇科等，为患者提供了更加安全和有效的治疗方案。

综上所述，AI 在医疗诊断与治疗中的应用涵盖了医学影像诊断、个性化治疗和手术辅助等多个方面。随着技术的不断进步和临床实践的不断积累，相信 AI 将会在医疗领域发挥越来越重要的作用，为患者提供更加精准、安全和有效的医疗服务。同时，我们也应该认识到 AI 技术的局限性和风险，加强对技术应用的监管和管理，确保其安全可靠地为人类健康事业服务。

三、融合技术提升医疗服务效率的实践

在当今快速发展的科技时代，医疗服务领域也不例外，各种新技术的涌现和不断成熟，为医疗服务的提升带来了新的机遇和挑战。融合技术提升医疗服务效率已经成为医疗行业的一种重要实践。下面将探讨这一实践的具体内容，并结合实际案例进行详细阐述。

（一）电子病历和健康档案管理系统的应用

电子病历和健康档案管理系统是通过信息技术手段对患者的病历和健康档案进行电子化管理的系统。它可以实现病历数据的数字化存储、快速检索和共享，大大提高了医疗服务的效率和质量。

1. 电子病历系统的应用

传统的纸质病历存在着信息存储不便、共享困难等问题，而电子病历系统可以将患者的病历信息以电子形式保存在数据库中，方便医生随时随地查阅和更新。医生可以通过电子病历系统快速了解患者的病史、诊断结果、治疗方案等信息，提高了临床诊断和治疗的效率。

2. 健康档案管理系统的应用

健康档案管理系统可以对患者的健康档案进行全面管理，包括个人基本信息、疾病史、用药记录、检查结果等。通过健康档案管理系统，医生可以全面了解患者的健康状况，制定个性化的治疗方案，并实现与其他医疗机构和医生的信息共享，提高了医疗服务的连续性和协同性。

实际案例：美国梅奥诊所的电子病历系统

美国梅奥诊所是一家世界知名的医疗机构，其引入了先进的电子病历系统，极大地提升了医疗服务的效率和质量。患者可以通过梅奥诊所的在线平台注册账号，随时查阅自己的病历信息、预约挂号、在线咨询医生等，方便快捷。医生可以通过电子病历系统查阅患者的病历信息，进行远程会诊和诊断，提高了医疗服务的及时性和精准性。

（二）远程医疗和在线医疗平台的发展

随着互联网技术的发展，远程医疗和在线医疗平台逐渐成了医疗服务的新模式，

为患者提供了更加便捷和高效的医疗服务。

1. 远程医疗的应用

远程医疗是指利用信息技术手段，实现医生和患者之间的远程医疗服务。通过视频会诊、远程影像诊断等方式，医生可以远程对患者进行诊断和治疗，减少了患者的就医时间和成本，提高了医疗资源的利用效率。

2. 在线医疗平台的应用

在线医疗平台是指通过互联网平台提供医疗服务，包括在线挂号、在线咨询、在线开药等。患者可以通过手机或电脑随时随地进行医疗服务的预约和咨询，节省了排队等待的时间，提高了医疗服务的效率和便利性。

实际案例：中国平安好医生平台

中国平安好医生平台是中国领先的在线医疗平台，通过手机 App 和网站提供医疗服务预约、在线咨询、视频问诊等服务。患者可以在平台上选择心理咨询师、专家医生进行在线咨询和视频问诊，解决医疗问题，提高了医疗服务的及时性和便捷性。

（三）智能医疗设备和医疗机器人的应用

随着人工智能医疗设备和医疗机器人的不断发展，它们在医疗服务中的应用也日益广泛，极大地提升了医疗服务的效率和准确性。

1. 智能医疗设备的应用

智能医疗设备是指采用智能传感器、数据分析和互联网技术的医疗设备，如智能健康监测器、远程医疗设备等。这些设备可以实时监测患者的生理参数和健康指标，如血压、血糖、心率等，将监测数据传输到医生或医疗机构的平台上，实现远程监护和远程诊断。通过智能医疗设备，医生可以及时了解患者的健康状况，提前预防和干预患者的疾病，提高了医疗服务的效率和质量。

2. 医疗机器人的应用

医疗机器人是一种可以模拟人类手术操作的机器人系统，通常配备有高清晰度摄像头和精密机械臂，可以实现微创手术和精准手术。医疗机器人可以减少手术的创伤和风险，提高手术的精准性和安全性，同时也减轻了医生的手术负担，提高了手术效率。医疗机器人广泛应用于各种手术领域，如神经外科、泌尿外科、胸外科等，为患者提供了更加安全和有效的治疗方案。

实际案例：达·芬奇机器人手术系统

达·芬奇机器人手术系统是一种先进的医疗机器人系统，由美国 Intuitive Surgical 公司开发。该系统通过高清晰度的三维摄像头和精密的机械臂，可以实现对患者的精准定位和手术操作，减少了手术的创伤和风险，提高了手术的成功率和患者的生存率。达·芬奇机器人手术系统已经在全球范围内得到了广泛应用，为患者提供了更加安全和有效的治疗方案。

综上所述，融合技术提升医疗服务效率是医疗行业发展的必然趋势。通过电子病历和健康档案管理系统的应用，可以实现病历数据的数字化管理和共享，提高了医疗服务的质量和协同性。远程医疗和在线医疗平台的发展，为患者提供了便捷和高效的医疗服务方式。智能医疗设备和医疗机器人的应用，提高了医疗服务的精准性和安全性，为患者提供了更加安全和有效的治疗方案。随着科技的不断进步和医疗技术的不断发展，相信融合技术将会为医疗服务的提升带来更多的可能性和机遇。

第五节 人工智能与大数据融合在金融领域的应用

一、金融大数据的价值挖掘

金融行业是一个信息密集的领域，涉及大量的数据生成、存储和处理。随着科技的迅速发展和互联网的普及，金融行业积累了大量的数据资源，包括交易数据、用户行为数据、市场数据等。这些数据蕴含着丰富的信息和价值，如何利用大数据技术和方法，挖掘出其中的潜在价值，已经成为金融行业发展的重要课题之一。下面将就金融大数据的价值挖掘进行深入探讨。

（一）数据驱动的风险管理与预测

金融市场的波动和风险是投资者和金融机构必须面对的挑战之一。利用大数据技术，可以更加精准地识别和管理风险，提高金融机构的抗风险能力和盈利能力。

1. 风险评估模型的构建

通过对历史交易数据、市场数据和宏观经济数据的分析，可以建立起完善的风险评估模型，实现对金融市场的风险进行全面评估。利用大数据技术，可以更加准确地预测金融市场的波动和变化趋势，帮助投资者和金融机构制定科学合理的投资策略和风险管理方案。

2. 反欺诈和信用评估

大数据技术可以对用户的交易行为数据、个人信息数据等进行深入分析，识别潜在的欺诈行为和风险客户，提高金融机构的反欺诈能力和信用评估准确度。通过建立基于大数据的信用评分模型，可以更加科学地评估用户的信用风险，降低信贷风险，提高贷款审批的效率和准确性。

（二）智能投资与资产配置

随着金融市场的复杂化和信息化程度的提高，传统的投资策略和资产配置方法已经难以适应市场的变化和需求。利用大数据技术，可以实现对金融市场的智能分析和预测，优化资产配置，提高投资收益率和风险控制能力。

1. 量化投资策略

大数据技术可以对金融市场的历史数据和实时数据进行全面分析，发现市场的规律和趋势，构建量化投资模型，实现对投资组合的优化和调整。通过量化投资策略，可以实现对投资风险和收益的有效管理，提高投资效率和盈利能力。

2. 智能资产配置

利用大数据技术，可以对不同资产类别和投资产品的历史表现和风险特征进行深入分析，为投资者提供个性化的资产配置建议。通过智能资产配置，可以根据投资者的风险偏好和收益目标，实现资产的合理分配和组合，最大限度地实现投资收益的优化。

（三）个性化金融服务与精准营销

随着信息技术的发展和金融科技的兴起，金融机构可以通过大数据技术实现对客户需求和行为的深入洞察，提供个性化的金融服务和精准的营销策略，提高客户满意度和忠诚度。

1. 个性化产品设计

利用大数据技术，金融机构可以根据客户的个人偏好、消费习惯和风险承受能力，设计个性化的金融产品和服务，满足客户的个性化需求。通过个性化产品设计，可以提高客户的满意度和忠诚度，增强金融机构的竞争优势。

2. 精准营销策略

大数据技术可以实现对客户行为数据和交易数据的实时监测和分析，发现客户的潜在需求和行为特征，为金融机构提供精准的营销策略。通过精准营销，金融机构可以更加有效地吸引客户、提高销售转化率，实现营销成本的降低和效益的提升。

实际案例：支付宝的个性化推荐系统

支付宝作为中国领先的第三方支付平台，通过大数据技术构建了个性化推荐系统。该系统可以根据用户的消费行为、搜索历史和偏好特征，为用户推荐个性化的金融产品和服务，如信用卡、理财产品等。通过个性化推荐系统，支付宝提高了用户体验和服务精准度，增强了用户黏性和平台价值。

金融大数据的价值挖掘涵盖了风险管理与预测、智能投资与资产配置及个性化金融服务与精准营销等多个方面。通过充分利用大数据技术和方法，金融机构可以实现对金融市场的全面监测和分析，提高风险管理和投资决策的精准度和效率，同时也为客户提供个性化的金融服务和优质的用户体验。

金融大数据的价值挖掘不仅对金融行业有着重要的意义，同时也对整个经济社会发展产生着深远的影响。通过金融大数据的有效利用，可以更好地支持实体经济的发展，提高资源配置的效率和优化，促进金融市场的稳定和健康发展，推动经济的持续增长和可持续发展。

然而，金融大数据的应用也面临着一些挑战和风险，如数据隐私和安全、数据质量和真实性等问题，需要金融机构和监管部门共同努力，建立健全的数据管理和保护机制，保障数据的安全和合法使用，确保金融大数据的应用能够发挥积极的作用。

综上所述，金融大数据的价值挖掘是金融行业发展的重要方向和战略选择，通过充分利用大数据技术和方法，可以实现对金融市场的全面监测和分析，提高风险管理和投资决策的精准度和效率，为客户提供个性化的金融服务和优质的用户体验，推动金融行业向着更加智能、高效、可持续的方向发展。

二、AI 在风险管理与资产配置中的应用

人工智能（AI）技术的迅速发展正在改变着金融领域的风险管理和资产配置方式。AI 在风险管理和资产配置中的应用不仅提高了决策的准确性和效率，还为投资者提供了更加个性化、智能化的服务。下面将探讨 AI 在风险管理与资产配置中的具体应用，并结合实际案例进行分析和阐述。

（一）AI 在风险管理中的应用

风险管理是金融机构必须面对的重要挑战之一，传统的风险管理方法往往依赖历史数据和统计模型，难以应对日益复杂和变化多端的金融市场。AI 技术通过对大数据的深度学习和模式识别，能够更加准确地识别和评估风险，为金融机构提供更加精准和实时的风险管理服务。

1. 智能风险识别与监测

AI 技术可以对大量的金融数据进行实时监测和分析，识别出潜在的风险因素和异常波动，提前预警风险事件的发生。通过建立基于深度学习算法的风险识别模型，可以实现对金融市场的全面监测和风险评估，帮助投资者和金融机构及时做出风险管理决策。

2. 智能风险评估与量化

AI 技术可以对金融市场的历史数据和实时数据进行深度学习和模式识别，构建复杂的风险评估模型。通过这些模型，可以实现对不同风险因素和事件的量化分析和评估，为投资者和金融机构提供科学合理的风险管理策略和投资建议。

实际案例：使用 AI 技术进行信用风险评估

信用风险评估是银行和金融机构面临的重要问题之一。传统的信用评估方法主要依赖个人信用报告和历史数据，难以全面评估客户的信用风险。近年来，越来越多的银行和金融机构开始采用 AI 技术进行信用风险评估。通过对客户的大数据进行深度学习和模式识别，AI 技术可以更加全面地评估客户的信用状况，提高信用评估的准确性和效率，降低信贷风险。

（二）AI 在资产配置中的应用

资产配置是投资者实现投资目标的重要手段，传统的资产配置方法主要依赖经验和统计模型，难以适应金融市场的复杂和变化。AI 技术通过对大数据的深度学习和模式识别，能够更加精准地识别市场的规律和趋势，为投资者提供个性化、智能化的资产配置建议。

1. 智能投资组合优化

AI 技术可以通过对大量的投资数据进行深度学习和模式识别，构建复杂的投资组

合优化模型。通过这些模型，可以实现对不同资产类别和投资产品的风险和收益进行全面分析和评估，为投资者提供个性化的资产配置建议，最大限度地实现投资收益的优化。

2. 智能交易决策

AI 技术可以通过对金融市场的历史数据和实时数据进行深度学习和模式识别，发现市场的规律和趋势，为投资者提供智能化的交易决策。通过建立基于深度学习算法的交易决策模型，可以实现对市场波动和变化的快速响应，提高交易的准确性和效率。

实际案例：使用 AI 技术进行智能投资组合优化

智能投资组合优化是利用 AI 技术对投资组合进行智能化的优化和调整。通过对投资者的投资目标、风险偏好和资金状况进行深度学习和模式识别，AI 技术可以为投资者提供个性化的投资组合优化方案，实现对投资组合的动态调整和管理。通过智能投资组合优化，投资者可以更加科学地配置资产，最大限度地实现投资收益的优化。

（三）AI 在风险管理与资产配置中的展望

随着 AI 技术的不断发展和应用，其在风险管理与资产配置领域的应用前景十分广阔。未来，随着金融市场的不断发展和变化，AI 技术将发挥越来越重要的作用，为投资者和金融机构提供更加个性化、智能化的风险管理和资产配置服务。以下是 AI 在风险管理与资产配置中的展望。

1. 深度学习技术的应用

随着深度学习技术的不断发展和应用，AI 在风险管理与资产配置中的应用将更加广泛和深入。深度学习技术具有强大的数据处理和模式识别能力，可以发现数据中的复杂规律和趋势，为风险管理和资产配置提供更加准确和有效的支持。

2. 智能投资顾问的普及

随着智能技术的普及和人工智能技术的不断进步，智能投资顾问将成为投资者的重要助手。智能投资顾问可以通过对投资者的投资目标、风险偏好和资金状况进行深度学习和模式识别，为投资者提供个性化的投资建议和资产配置方案，帮助投资者实现长期稳健的投资收益。

3. 区块链技术与 AI 的结合

区块链技术具有去中心化、不可篡改和高度安全的特点，可以有效解决金融领域的信任和安全问题。将区块链技术与 AI 相结合，可以实现金融数据的安全共享和隐私保护，为风险管理和资产配置提供更加可靠和安全的支持。

4. 智能交易系统的发展

随着金融市场的不断发展和变化，交易策略和算法也在不断更新和演进。智能交易系统通过对金融市场的历史数据和实时数据进行深度学习和模式识别，可以发现市场的规律和趋势，实现对交易决策的智能化和自动化，提高交易的准确性和效率。

5. 跨界融合创新

未来，AI 技术将与其他前沿技术进行跨界融合创新，为风险管理和资产配置带来更多的可能性和机遇。例如，与物联网、大数据、云计算等技术的结合，可以实现对金融市场和资产的实时监测和管理，为投资者和金融机构提供更加全面和精准的服务。

综上所述，AI 在风险管理与资产配置中的应用具有广阔的发展前景和巨大的潜力。随着技术的不断进步和应用场景的不断拓展，相信 AI 技术将为金融行业带来更多的创新和突破，为投资者和金融机构提供更加智能、个性化和高效的风险管理和资产配置服务。

三、融合技术推动金融创新的实例

在当今数字化时代，融合技术已成为金融创新的关键驱动力之一。通过将人工智能（AI）、大数据、区块链、物联网等技术与金融服务相结合，可以创造出更具智能化、高效性和个性化的金融产品和服务，推动金融行业向着数字化、智能化和可持续发展方向迈进。下面将分别以实例说明融合技术在金融创新中的应用。

（一）智能风险管理系统

智能风险管理系统是将人工智能技术与金融风险管理相结合，利用大数据分析、机器学习和深度学习等技术，实现对金融风险的实时监测、评估和预测。这种系统能够帮助金融机构更加全面地了解风险状况，提高风险管理的准确性和效率。

实例：花旗银行的智能风险管理系统

花旗银行是全球领先的金融服务提供商之一，在风险管理方面一直处于领先地位。该行利用人工智能技术和大数据分析构建了智能风险管理系统。该系统通过对客户的交易数据、行为数据和市场数据进行深度学习和模式识别，实现对客户信用风险、市场风险和操作风险等多维度风险的实时监测和评估。基于这些数据，系统能够生成风险预警，并及时采取相应的风险控制措施，保障银行的资产安全和稳健经营。

（二）区块链技术在金融结算中的应用

区块链技术作为一种去中心化的分布式账本技术，被广泛应用于金融行业的结算领域。区块链技术可以实现对交易数据的安全记录和共享，提高交易的透明度、可追溯性和安全性，降低金融交易的成本和风险。

实例：国内银行间区块链联盟

国内银行间区块链联盟是中国多家银行共同发起的区块链应用项目，旨在通过区块链技术实现银行间跨行结算的优化和改进。该联盟利用区块链技术构建了一个去中心化的结算平台，实现了交易数据的实时共享和安全传输。通过该平台，各家银行可以更加高效地完成跨行结算业务，缩短结算周期，降低结算成本，提高结算的安全性和可靠性，促进金融市场的健康发展。

（三）智能投资顾问服务

智能投资顾问服务是将人工智能技术与金融投资相结合，利用大数据分析、机器学习和自然语言处理等技术，为投资者提供个性化的投资建议和资产配置方案。这种服务能够根据投资者的投资目标、风险偏好和资金状况，为其量身定制投资方案，提高投资效率和收益率。

实例：美国在线投资平台 Wealthfront

Wealthfront 是美国一家知名的在线投资平台，利用人工智能技术和大数据分析构建了智能投资顾问系统。该系统通过对投资者的投资目标、风险偏好和资金状况进行深度学习和模式识别，为其提供个性化的投资建议和资产配置方案。投资者只需通过平台完成简单的风险评估问卷，系统就能够为其生成个性化的投资组合方案，并根据市场变化自动调整投资组合，实现对投资者的智能化投资管理。

综上所述，融合技术推动金融创新的实例涵盖了智能风险管理系统、区块链技术在金融结算中的应用及智能投资顾问服务等多个方面。这些实例充分展示了融合技术在金融领域的广泛应用和巨大潜力，为金融行业的数字化转型和创新发展注入了新的活力和动力。

第五章

人工智能与大数据在商业中的应用和实践

第一节　人工智能与大数据在市场营销中的应用

一、消费者行为分析与精准营销

消费者行为分析与精准营销是当今商业领域的重要议题之一。随着互联网和移动技术的发展，消费者与品牌之间的接触点日益增多，数据积累和分析变得至关重要。下面将探讨消费者行为分析的重要性，以及如何利用这些分析结果实现精准营销。

（一）消费者行为分析的重要性

1. 了解消费者需求

消费者行为分析可以帮助企业深入了解消费者的需求和偏好。通过分析消费者的购买历史、浏览行为、搜索关键词等数据，可以洞察到消费者的兴趣爱好和购买动机，为企业提供产品开发和营销策略的重要参考。

2. 精准定位目标群体

消费者行为分析可以帮助企业精准定位目标群体。通过对不同消费者群体的行为特征和偏好进行分析，可以确定最具潜力的目标客户群体，并有针对性地进行营销活动，提高营销效果和投资回报率。

3. 个性化营销策略

消费者行为分析还可以帮助企业制定个性化的营销策略。通过了解消费者的行为轨迹和购买习惯，可以为其量身定制个性化的产品推荐和促销活动，提高用户体验和满意度。

（二）消费者行为分析的方法和工具

1. 数据收集和整合

消费者行为分析的第一步是数据收集和整合。企业可以通过网站分析工具、移动应用分析工具、社交媒体监测工具等，收集消费者的行为数据和交互数据，并将这些数据进行整合和清洗，以确保数据的准确性和完整性。

90

2. 数据挖掘和分析

接下来，企业需要利用数据挖掘和分析技术对收集到的数据进行深入分析。可以采用统计分析、机器学习、自然语言处理等技术，发现数据中的规律和趋势，挖掘消费者的行为特征和偏好。

3. 可视化和报告

最后，企业可以利用数据可视化工具和报告工具，将分析结果以图表、表格等形式进行可视化展示，并生成详细的分析报告。这些报告可以帮助企业更好地理解消费者行为，制定相应的营销策略和决策。

（三）精准营销实践案例分析

以某电商平台为例，该平台利用消费者行为分析实现了精准营销。

1. 个性化推荐

该电商平台通过分析用户的浏览历史和购买记录，实现了个性化的产品推荐。根据用户的兴趣和偏好，向其推荐最符合其需求的产品，提高了用户的购买转化率和订单价值。

2. 精准定价策略

同时，平台还利用消费者行为分析确定了精准定价策略。通过分析用户的价格敏感度和购买意愿，对不同用户群体制定不同的价格策略，提高了销售额和利润率。

3. 定向广告投放

最后，平台利用消费者行为分析实现了定向广告投放。通过分析用户的兴趣和偏好，向其投放个性化的广告，提高了广告的点击率和转化率，降低了广告投放成本。通过消费者行为分析的实践，该电商平台实现了精准营销，提高了销售效率和用户满意度，取得了良好的商业成绩。

4. 实时个性化营销

该电商平台还实现了实时个性化营销，通过分析用户的实时行为和动态偏好，及时向用户推送个性化的促销信息和优惠券。这种实时个性化的营销方式不仅提高了用户的购买决策速度，还增强了用户对品牌的信任和忠诚度。

5. 社交化营销策略

另外，平台也结合消费者行为分析，开展了社交化营销策略。通过挖掘用户在社交媒体上的行为和互动信息，平台成功激发了用户之间的口碑传播和社交分享，扩大了品牌影响力和用户群体，进一步提升了销售额和用户参与度。

通过以上案例分析可以看出，消费者行为分析与精准营销的结合是当前商业领域的一个重要趋势。借助先进的数据技术和分析工具，企业可以更加深入地了解消费者需求，精准地把握市场动态，从而制定更加科学合理的营销策略和决策，提升企业竞争力和市场份额。

综上所述，消费者行为分析与精准营销是现代商业发展的关键要素之一。通过对消费者行为数据的深入分析和挖掘，企业可以更好地理解消费者需求，制定个性化的营销策略，提高销售效率和用户满意度，实现可持续发展和竞争优势。随着数据技术的不断进步和应用场景的不断拓展，相信消费者行为分析与精准营销将在未来发展中扮演越来越重要的角色，为企业带来更多的商业价值和市场机遇。

二、智能广告推荐系统的设计与实施

智能广告推荐系统是利用人工智能技术和大数据分析，根据用户的个性化需求和行为特征，为其推荐感兴趣的广告内容。这种系统不仅可以提高广告主的投放效果，还可以提升用户的体验和满意度，是数字营销领域的重要工具之一。下面将详细探讨智能广告推荐系统的设计与实施。

（一）系统设计

1. 数据采集与处理

首先，智能广告推荐系统需要收集用户的行为数据和偏好信息，包括浏览记录、搜索记录、点击行为、购买行为等。这些数据可以通过网站、移动应用、社交媒体等渠道进行采集，并进行预处理和清洗，以确保数据的质量和准确性。

2. 用户画像构建

接下来，系统可以利用机器学习和数据挖掘技术对用户的行为数据进行分析，构建用户的个性化画像。通过分析用户的浏览偏好、购买习惯、兴趣爱好等特征，可以精准地把握用户的需求和偏好，为其提供个性化的广告推荐。

3. 广告库建设

同时，系统还需要建立广告库，收录各类广告资源，并对广告进行标签化和分类。通过对广告内容的语义分析和特征提取，可以实现对广告的智能化管理和推荐。

4. 推荐算法选择

在推荐算法方面，系统可以采用基于内容的推荐算法、协同过滤算法、深度学习算法等多种算法。这些算法可以根据用户的个性化需求和行为特征，为其推荐最符合其兴趣和偏好的广告内容。

（二）系统实施

1. 技术架构设计

在系统实施阶段，需要设计合理的技术架构，包括数据存储、计算引擎、推荐算法模型等方面。可以选择分布式存储和计算技术，利用云计算平台提高系统的稳定性和可扩展性。

2. 数据挖掘与建模

接着，需要对收集到的用户数据和广告数据进行数据挖掘和建模。可以利用数据挖掘工具和机器学习平台进行模型训练和优化，提高推荐算法的精度和效果。

3. 系统集成与测试

在系统集成阶段，需要将各个组件进行集成，搭建完整的智能广告推荐系统。在系统测试阶段，需要进行功能测试、性能测试和安全测试，确保系统能够稳定运行和满足用户需求。

4. 上线运营与优化

最后，系统可以上线运营，并根据用户反馈和数据分析进行优化。可以通过 AB 测试和多变量测试等方法，评估推荐算法的效果，不断优化系统的推荐精度和用户体验。

（三）案例分析

以某电商平台为例，该平台利用智能广告推荐系统提高了广告投放的效果和用户体验：

1. 数据收集与处理

该平台通过用户浏览、搜索、购买等行为数据的收集和分析，建立了用户的个性化画像。

2. 广告库建设

同时，平台建立了丰富的广告库，包括商品广告、品牌广告、活动广告等多种类型的广告资源。

3. 推荐算法选择

平台采用了基于内容的推荐算法和协同过滤算法，根据用户的个性化需求和行为特征，为其推荐感兴趣的广告内容。

通过智能广告推荐系统的应用，该电商平台实现了广告投放的精准化和个性化，提高了广告的点击率和转化率，增强了用户的满意度和忠诚度。

综上所述，智能广告推荐系统的设计与实施涉及数据采集与处理、用户画像构建、广告库建设、推荐算法选择等多个方面。通过合理的系统设计和技术实施，可以实现对用户需求和行为的精准把握，为其提供个性化的广告推荐服务，从而提高广告投放效果和用户体验。

三、AI 驱动的营销效果评估与优化

随着人工智能（AI）技术的迅速发展和应用，AI 在营销领域的应用也变得日益广泛。AI 不仅可以帮助企业更好地了解消费者行为和需求，还能够实现营销效果的评估与优化，提高营销活动的效率和效果。下面将深入探讨 AI 驱动的营销效果评估与优化的相关内容。

（一）AI 在营销效果评估中的应用

1. 数据分析与挖掘

AI 技术可以帮助企业对海量的营销数据进行分析和挖掘。通过对消费者的行为数据、购买历史、社交互动等数据进行深入分析，可以发现潜在的市场趋势和消费者偏好，为企业提供决策支持和业务指导。

2. 效果监测与预测

基于数据分析的结果，AI 技术可以对营销活动的效果进行实时监测和预测。通过

建立模型和算法，可以预测营销活动的点击率、转化率、ROI 等关键指标，及时发现问题和优化方向，提高营销效果和投资回报率。

3. 用户行为分析与个性化推荐

AI 技术可以帮助企业分析用户的行为特征和偏好，实现个性化的产品推荐和营销策略。通过建立用户画像和行为模型，可以为不同用户群体提供个性化的产品和服务，提高用户满意度和忠诚度。

（二）AI 在营销效果优化中的应用

1. 智能广告优化

AI 技术可以帮助企业优化广告投放策略和效果。通过对广告数据的实时分析和监测，可以优化广告内容、投放位置和目标人群，提高广告的曝光和点击效果，降低广告投放成本。

2. 营销策略调整与优化

AI 技术可以根据市场数据和消费者行为分析结果，实时调整营销策略和方案。通过建立模型和算法，可以评估不同营销策略的效果，优化营销活动的内容、时间和渠道，提高营销效果和市场竞争力。

3. 客户关系管理与维护

AI 技术可以帮助企业实现客户关系的智能化管理和维护。通过对客户的行为和需求进行分析，可以识别出高价值客户和潜在客户，制订个性化的客户服务和营销计划，提高客户满意度和忠诚度。

（三）案例分析

以某在线零售商为例，该公司利用 AI 技术实现了营销效果评估与优化：

1. 个性化推荐系统

该公司利用 AI 技术建立了个性化的产品推荐系统。通过分析用户的购买历史和浏览行为，系统可以向用户推荐最符合其兴趣和偏好的产品，提高了用户的购买转化率和订单价值。

2. 智能广告优化

同时，公司还利用 AI 技术优化了广告投放策略。通过对广告数据的实时分析和监测，系统可以优化广告内容和投放位置，提高了广告的点击率和转化率，降低了广告投放成本。

3. 营销策略调整与优化

最后，公司利用 AI 技术实现了营销策略的实时调整和优化。通过对市场数据和消费者行为进行分析，系统可以及时调整营销活动的内容和时间，提高了营销效果和投资回报率。

通过以上案例分析可以看出，AI 驱动的营销效果评估与优化是现代企业提高营销效率和效果的重要手段。借助先进的数据技术和分析工具，企业可以更加深入地了解消费者需求，优化营销策略和活动，实现精准营销和持续增长。随着 AI 技术的不断发展和应用场景的不断拓展，相信 AI 驱动的营销效果评估与优化将在未来发展中发挥越来越重要的作用，为企业创造更多的商业价值和市场机遇。

第二节　人工智能与大数据在供应链管理中的应用

一、智能预测与需求管理

在当今竞争激烈的市场环境中，准确预测需求是供应链管理中至关重要的一环。人工智能和大数据技术的结合为供应链管理带来了革命性的变革，使得预测精度和效率得到了极大提升。

（一）数据驱动的需求预测

人工智能技术能够分析海量的历史销售数据、市场趋势和消费者行为，以预测未来的需求。通过机器学习算法，系统可以自动识别出各种因素对需求的影响程度，进而建立起精准的预测模型。这些模型能够不断学习和优化，以适应市场的变化和波动。

（二）个性化需求管理

利用大数据技术，企业可以更好地理解消费者的个性化需求，并根据不同的消费者群体制定相应的供应链策略。例如，基于用户购买历史和偏好，可以为其定制个性化的产品推荐和定价方案，从而提高客户满意度和忠诚度。

（三）实时监测与调整

借助人工智能和大数据技术，企业可以实现对供应链的实时监测和调整。通过对市场数据和供应链数据的实时分析，系统可以及时发现需求的变化和波动，从而调整生产计划和库存策略，降低库存成本和供应风险。

二、优化库存与物流路径

库存管理和物流路径规划是供应链管理中的关键环节，直接影响着企业的运营效率和成本控制。人工智能和大数据技术的应用可以帮助企业实现库存优化和物流路径的精准规划。

（一）智能库存管理

通过人工智能技术，企业可以更加精准地预测产品的需求量和销售速度，从而优化库存水平。同时，利用大数据分析，可以识别出库存过剩和短缺的产品，并及时采取措施，调整采购计划和库存策略，降低库存成本和资金占用率。

（二）智能物流路径规划

基于大数据技术，企业可以分析历史物流数据、交通状况和天气情况，以优化物流路径和运输计划。通过人工智能算法，系统可以实时监测和预测交通拥堵和运输延误，从而调整物流路径和配送计划，提高物流效率和客户满意度。

（三）供应链网络优化

利用人工智能和大数据技术，企业可以对供应链网络进行全面优化。通过分析供应商、制造商、分销商等各个环节的数据和关系，可以发现潜在的优化空间，并制定相应的供应链策略和合作模式，提高供应链的灵活性和响应速度。

三、基于大数据的供应链风险评估与应对

供应链管理面临着各种各样的风险，包括市场风险、供应风险、物流风险等。人工智能和大数据技术的应用可以帮助企业识别和评估各种风险，并采取相应的措施进行应对。

（一）风险识别与监测

利用大数据技术，企业可以对供应链中的各种风险因素进行全面识别和监测。通过分析市场数据、供应商数据和物流数据，可以发现潜在的风险点和问题，及时采取措施进行预防和化解。

（二）智能预警与应急响应

基于人工智能技术，企业可以建立起智能预警系统，实现对供应链风险的实时监测和预警。一旦发现异常情况，系统可以自动发出预警信号，并采取相应的应急响应措施，降低风险造成的损失。

（三）供应链协同与备份计划

通过大数据技术，企业可以实现供应链各个环节的协同和配合，以应对突发的风险。同时，建立备份计划和替代方案，可以在关键时刻保障供应链的稳定运行，减少风险对企业的影响。

人工智能和大数据技术的应用为供应链管理带来了革命性的变革，极大地提升了供应链的效率和效果。通过智能预测与需求管理、优化库存与物流路径、基于大数据的供应链风险评估与应对等方面的应用，企业可以实现供应链的精准化管理和灵活应对，从而提高供应链的整体运营效率、降低成本、提升客户满意度，增强市场竞争力。随着人工智能和大数据技术的不断发展和应用，供应链管理将迎来更加广阔的发展前景。在未来的发展中，我们可以期待人工智能和大数据技术在供应链管理中的进一步应用和创新：

1. 智能决策支持系统

未来，供应链管理将更加依赖智能决策支持系统。这些系统将基于大数据分析和人工智能算法，为企业提供更加智能化、个性化的决策支持。这些系统不仅可以实现对供应链数据的深度分析和预测，还可以为企业提供优化的决策方案，帮助企业更好地应对市场变化和风险挑战。

2. 自动化物流与仓储

随着物流技术和机器人技术的不断发展，未来供应链物流和仓储将更加智能化和自动化。利用人工智能和大数据技术，企业可以实现物流路径的智能规划和运输过程的自动化控制，提高物流效率和成本效益。同时，智能仓储系统可以根据需求实时调整货物存放位置，提高仓储空间利用率和货物周转速度。

3. 区块链技术在供应链管理中的应用

区块链技术作为一种去中心化的分布式账本技术，具有数据不可篡改、信息透明、交易可追溯等特点，将为供应链管理带来革命性的变革。未来，区块链技术将广泛应用于供应链管理中，用于解决供应链透明度、信任度和安全性等方面的问题，实现供应链信息的实时共享和跨组织协同，提高供应链的可信度和稳定性。

4. 可持续供应链管理

随着社会对可持续发展的关注不断增加，未来供应链管理将更加注重环境保护和社会责任。人工智能和大数据技术将被应用于可持续供应链管理中，帮助企业实现能源节约、减排减废、资源循环利用等目标。通过对供应链数据的分析和优化，企业可以实现可持续供应链的设计和管理，为社会和环境做出更大的贡献。

综上所述，人工智能和大数据技术的应用将为供应链管理带来巨大的机遇和挑战。未来，随着技术的不断发展和应用场景的不断拓展，我们可以期待人工智能和大数据技术在供应链管理中发挥更加重要的作用，为企业带来更多的商业价值和社会效益。因此，企业应积极跟进技术发展，加强技术应用与实践，不断提升供应链管理水平，以应对未来市场竞争的挑战。

第三节 人工智能与大数据在客户服务中的应用

在当今数字化时代，客户服务已经成为企业竞争的重要方面之一。人工智能（AI）和大数据技术的快速发展为客户服务带来了新的变革，使得服务更加智能、个性化和高效。本节将探讨人工智能与大数据在客户服务中的应用，并详细分析智能客服机器人、客户反馈数据挖掘与分析及个性化服务策略的制定与实施。

一、智能客服机器人与语音识别技术

智能客服机器人和语音识别技术是当前客户服务中应用最为广泛的人工智能技术之一。它们可以帮助企业实现自动化的客户服务，提高服务效率和用户体验。

（一）智能客服机器人

智能客服机器人基于自然语言处理（NLP）和机器学习技术，可以模拟人类的对话过程，与用户进行交互并提供解决方案。它可以实现 24/7 全天候在线服务，帮助用户解决常见问题、查询订单状态、提交投诉等。通过大数据分析用户的历史对话记录和问题类型，智能客服机器人可以不断学习和优化，提高解决问题的准确率和响应速度。

（二）语音识别技术

语音识别技术可以将用户的语音输入转化为文字，从而实现智能客服机器人的语音交互功能。用户可以通过语音与智能客服机器人进行对话，而不需要通过键盘输入。这种自然的交互方式使得客户服务更加便捷和人性化，提高了用户的满意度和忠诚度。

（三）案例分析：智能客服机器人在电商行业的应用

以某电商平台为例，该平台利用智能客服机器人提升客户服务水平。

——自动化解答问题：用户可以通过智能客服机器人询问商品信息、订单状态等问题，机器人可以快速准确地回答，节省了用户等待人工客服的时间。

——个性化推荐：基于用户的浏览历史和购买记录，智能客服机器人可以向用户推荐个性化的产品和优惠活动，提高了用户的购买转化率和订单价值。

——智能引导服务：智能客服机器人可以根据用户的需求和问题，引导用户进行下一步操作，提高了用户的使用体验和满意度。

二、客户反馈数据的挖掘与分析

客户反馈数据是企业了解用户需求和评估服务质量的重要依据。利用大数据技术对客户反馈数据进行挖掘和分析，可以发现潜在的问题和改进空间，提高客户服务的质量和效率。

（一）大数据挖掘技术

大数据挖掘技术可以从海量的客户反馈数据中提取出有价值的信息和洞察。通过文本挖掘、情感分析、主题建模等技术，可以发现用户的偏好、诉求和情感倾向，帮助企业更好地了解用户需求和反馈。

（二）数据可视化与报告

利用数据可视化技术，可以将客户反馈数据以图表、报表等形式进行可视化展示，直观呈现数据分析结果。通过定期生成客户服务报告，企业可以及时发现问题和趋势，并制定相应的改进措施，提高客户满意度和忠诚度。

（三）案例分析：客户反馈数据挖掘在酒店行业的应用

以某连锁酒店为例，该酒店利用客户反馈数据挖掘技术改善客户服务。

——实时监测服务质量：酒店利用大数据技术实时监测客户反馈数据，发现客户投诉和不满意的问题，及时采取措施解决，提高了服务的实时性和响应速度。

——个性化服务改进：基于客户反馈数据的分析结果，酒店可以针对不同客户群体制定个性化的服务策略。通过了解客户的需求和偏好，酒店可以优化客房设施、餐饮服务等方面，提高客户满意度和忠诚度。

——持续改进服务品质：酒店定期分析客户反馈数据，发现服务的短板和改进空间，并采取持续改进措施，提升服务品质和竞争力，赢得更多客户的信赖和支持。

三、个性化服务策略的制定与实施

个性化服务策略是基于客户的特定需求和偏好，为其提供定制化的服务体验。利用人工智能和大数据技术，企业可以更好地理解客户需求，制定个性化的服务策略，并实施相应的措施，从而提升客户的满意度和忠诚度。

（一）客户画像与行为分析

利用大数据技术，企业可以建立客户画像，并对客户的行为进行深入分析。通过分析客户的消费习惯、偏好、历史购买记录等信息，可以识别出不同客户群体的特点和需求，为个性化服务策略的制定提供依据。

（二）个性化产品推荐

基于客户画像和行为分析的结果，企业可以向客户推荐个性化的产品和服务。通过利用推荐系统和算法，可以根据客户的偏好和历史购买记录，为其推荐最合适的产品和优惠活动，提高购买转化率和订单价值。

（三）定制化服务体验

个性化服务不仅体现在产品推荐上，还体现在服务体验的定制化上。企业可以根据客户的偏好和需求，提供定制化的服务体验，包括个性化的营销活动、定制化的服务方案、专属的客户关怀等，从而提升客户的满意度和忠诚度。

（四）案例分析：个性化服务策略在电商行业的应用

以某电商平台为例，该平台利用个性化服务策略提升客户满意度。

——个性化推荐：该平台利用大数据分析用户的浏览历史、购买记录和点击行为，为用户推荐个性化的商品和优惠活动。通过个性化推荐，提高了用户的购买转化率和订单价值。

——定制化服务：平台针对高价值客户提供定制化的服务体验，包括专属客服、快速配送、定制化礼品等。通过个性化的服务体验，提升了客户的满意度和忠诚度，增强了客户的黏性和复购率。

——精准营销活动：平台根据用户的购买历史和偏好，制定个性化的营销活动和促销策略。通过精准营销，提高了营销活动的效果和投资回报率，增强了用户的参与度和活跃度。

人工智能和大数据技术在客户服务中的应用，使得企业能够更好地理解客户需求、提供个性化的服务体验，从而提升客户的满意度和忠诚度。通过智能客服机器人、客户反馈数据的挖掘与分析及个性化服务策略的制定与实施，企业可以更好地满足客户的需求，赢得客户的信赖和支持。随着人工智能和大数据技术的不断发展和应用场景的不断拓展，我们可以期待在客户服务领域实现更多的创新和突破，为客户带来更加优质和个性化的服务体验。因此，企业应积极跟进技术发展，加强技术应用与实践，不断提升客户服务水平，赢得市场竞争的优势。

第四节　人工智能与大数据在决策支持中的应用

人工智能（AI）和大数据技术的结合为决策支持带来了革命性的变革，使得决策过程更加科学、精准和高效。本节将探讨人工智能与大数据在决策支持中的应用，并详细分析基于大数据的战略规划与分析、AI辅助的决策支持系统构建，以及决策过程中的数据驱动与模型验证。

一、基于大数据的战略规划与分析

大数据技术为组织提供了获取、存储和分析海量数据的能力，使得组织可以更加深入地理解市场、竞争环境和内部运营情况，从而制定更加科学和有效的战略规划。

（一）市场分析与趋势预测

利用大数据技术，企业可以对市场进行深入分析，并预测未来的发展趋势。通过对市场数据、消费者行为和竞争对手的数据进行整合和分析，企业可以发现市场的潜在机会和挑战，从而制定相应的战略规划和市场策略。

（二）竞争情报与对手分析

大数据技术可以帮助企业获取和分析竞争对手的数据，包括产品信息、定价策略、营销活动等。通过对竞争对手的数据进行监测和分析，企业可以了解竞争对手的优势和劣势，制定相应的竞争策略和应对措施。

（三）风险评估与预警机制

利用大数据技术，企业可以对外部环境和内部运营情况进行实时监测和分析，发现潜在的风险和问题。通过建立风险评估模型和预警机制，企业可以及时发现和应对各种风险，降低不确定性对战略实施的影响。

二、AI 辅助的决策支持系统构建

人工智能技术可以帮助企业构建智能化的决策支持系统，为决策者提供全面、准确的决策信息和决策建议，从而提高决策的科学性和效率。

（一）数据集成与分析

AI 辅助的决策支持系统可以整合多源异构的数据，包括结构化数据和非结构化数据，进行全面的数据分析和挖掘。通过利用机器学习算法和深度学习技术，系统可以从数据中发现隐藏的规律和趋势，为决策提供数据支持和决策建议。

（二）智能决策建模与优化

基于大数据和人工智能技术，企业可以建立智能化的决策建模和优化模型。通过对决策问题进行建模和仿真，系统可以评估各种决策方案的效果和风险，为决策者提供最优的决策方案和决策路径。

（三）实时监测与反馈

AI 辅助的决策支持系统可以实时监测决策执行的情况，并及时反馈给决策者。通过对决策执行过程的监控和反馈，系统可以发现问题和异常，并及时调整决策方案和实施计划，提高决策的实时性和灵活性。

三、决策过程中的数据驱动与模型验证

在决策过程中，数据驱动和模型验证是保证决策科学性和准确性的关键环节。利用大数据和人工智能技术，企业可以实现决策过程的数据驱动和模型验证，从而提高决策的可信度和有效性。

（一）数据驱动的决策分析

基于大数据技术，企业可以将数据应用于决策分析的各个环节，包括问题定义、数据收集、数据清洗、数据分析等。通过数据驱动的决策分析，企业可以从客观事实出发，避免主观偏见和决策风险，提高决策的科学性和准确性。

（二）模型验证与精准预测

在决策过程中，企业可以利用大数据和人工智能技术构建决策模型，并对模型进行验证和优化。通过对模型的验证和测试，企业可以评估模型的准确性和可靠性，从而提高模型的预测能力和决策效果。

（三）案例分析：数据驱动的决策支持系统在金融行业的应用

以某银行为例，该银行利用数据驱动的决策支持系统提高了决策效率和精度。

——客户信用评估：银行利用大数据技术分析客户的财务数据、信用记录和行为数据，建立客户信用评估模型。通过机器学习算法和大数据分析，银行可以更准确地评估客户的信用风险，为贷款决策提供科学依据，降低信用风险。

——投资决策支持：银行利用数据驱动的决策支持系统分析市场数据、行业动态和公司财务信息，帮助投资团队制定投资策略和选股方案。通过对市场趋势的分析和预测，银行可以更准确地把握投资机会，提高投资收益率和风险控制能力。

——风险管理与防欺诈：银行利用大数据技术监控客户交易数据和行为模式，实时识别风险行为和异常交易，建立风险预警机制和防欺诈系统。通过数据驱动的风险管理，银行可以及时发现并应对各种风险，保障资金安全和客户利益。

以上案例表明，数据驱动的决策支持系统在金融行业中发挥着重要作用，帮助银行提高决策效率、降低风险、优化资源配置，从而提升企业竞争力和市场地位。

人工智能和大数据技术在决策支持中的应用，使得决策过程更加科学、精准和高效。通过基于大数据的战略规划与分析、AI辅助的决策支持系统构建及决策过程中的数据驱动与模型验证，企业可以更好地理解市场、优化资源配置、降低风险、提高决策效率。随着人工智能和大数据技术的不断发展和应用场景的不断拓展，我们可以期待在决策支持领域实现更多的创新和突破，为企业决策提供更加科学、精准和可靠的支持。因此，企业应积极跟进技术发展，加强技术应用与实践，不断提升决策支持水平，赢得市场竞争。

第六章

人工智能与大数据在社会治理中的应用和实践

第一节　人工智能与大数据在公共安全领域的应用

一、智能监控与犯罪预防

（一）智能监控系统的发展与应用

随着人工智能技术的不断发展，智能监控系统在公共安全领域的应用日益普及和深化。智能监控系统通过将视频监控与人工智能算法相结合，实现了对公共场所、交通要道等重点区域的智能监控与管理。传统的监控系统往往依赖人工巡逻和监控人员的目视观察，存在监控盲区和效率低下等问题。而智能监控系统则能够利用人工智能算法对视频进行实时分析和识别，从而实现对异常行为、危险情况的自动监测与预警，大大提高了监控效率和安全水平。

智能监控系统主要应用于城市公共交通、重要场所安全、边境地区监控等领域。在城市公共交通领域，智能监控系统可以通过识别交通违章、车辆拥堵等情况，提供实时的交通信息和预警，协助交通管理部门优化交通组织和调度，提高交通安全和通行效率。在重要场所安全领域，智能监控系统可以对人员活动进行智能识别和行为分析，及时发现问题，有效防范和应对各类安全风险。在边境地区监控领域，智能监控系统可以利用人工智能算法对边境线路进行智能识别和监控，提高边境地区的监控覆盖范围和效率，增强边境地区的安全防护能力。

（二）人工智能在犯罪预防中的应用

除了智能监控系统在公共安全领域的应用，人工智能技术还在犯罪预防和打击领域发挥着重要作用。利用大数据分析和机器学习算法，可以对犯罪行为进行数据挖掘和预测，帮助执法部门及时发现和干预潜在的犯罪活动，有效减少犯罪事件的发生。

人工智能在犯罪预防中的应用主要包括以下几个方面：一是基于大数据分析的犯罪预测模型。通过分析历史犯罪数据和相关环境因素，建立起犯罪预测模型，可以预测出未来可能发生犯罪的地点、时间和类型，为执法部门的巡逻和预防工作提供重要参考。二是基于人工智能的犯罪行为识别。利用人工智能算法对监控视频进行实时分析和识别，可以及时发现和报警异常犯罪行为，提高治安管理和执法效率。三是基于社交网络的犯罪线索挖掘。利用人工智能技术对社交网络等互联网平台上的文本、图片等信息进行挖掘和分析，可以发现和破解隐藏在网络背后的犯罪线索，为打击犯罪提供有力支持。

（三）智能监控与犯罪预防的挑战和展望

尽管智能监控与犯罪预防技术取得了一系列的进展和成就，但在实际应用中仍然面临着一些挑战和困难。首先，智能监控系统在处理大规模视频数据时，往往需要消耗大量的计算资源和存储空间，导致系统成本较高。其次，智能监控系统的算法识别准确率和实时性还有待进一步提高，尤其是在复杂环境下的识别效果较差。此外，智能监控系统涉及大量的个人隐私信息，如何在保障安全的前提下合理使用和管理这些信息是一个亟待解决的问题。

展望未来，随着人工智能技术的不断发展和应用场景的不断拓展，智能监控与犯罪预防技术将会进一步完善和普及。未来智能监控系统将更加智能化和自适应，可以根据实际需求和场景动态调整监控策略和参数，提高监控效率和精度。同时，随着大数据和人工智能技术的深度融合，犯罪预防和打击工作将更加精准和高效，为社会治安维护和公共安全保障做出更大的贡献。

二、大数据驱动的灾害预警与应急响应

大数据在灾害预警中的应用是提高灾害预警能力和减少损失的重要手段。传统的灾害预警系统往往依赖少量监测点采集的数据，难以全面准确地反映灾害发生的情况和趋势。而大数据技术则能够通过整合多维度、多来源的数据，实现对灾害发生过程的全面监测和分析，为灾害的预警和应急响应提供更加准确和及时的支持。

首先，大数据在灾害预警中的应用主要体现在数据的多样性和实时性。利用传感器、卫星遥感、气象雷达等技术采集的数据，结合互联网、社交媒体等平台上的实时信息，可以构建起多维度、多源头的数据网络，实现对灾害发生过程的全面监测和预警。例如，在地震预警方面，通过监测地震波传播路径上的地震数据和地震前兆信号，结合历史地震数据和地质构造情况，可以实现对地震的预警和预测，为地震灾害的防范和减轻提供重要支持。

其次，大数据在灾害预警中的应用还体现在数据的分析和挖掘能力。通过利用机器学习、数据挖掘等技术对大数据进行分析和挖掘，可以发现数据之间的关联性和规律性，提取出潜在的灾害预警信号和特征。例如，在洪涝灾害预警方面，通过分析历史洪涝灾害数据和相关气象、水文等数据，建立起洪涝灾害预测模型，可以实现对洪涝灾害的时空分布和影响范围进行预测，为防洪减灾工作提供科学依据。

最后，大数据在灾害预警中的应用还需要结合信息技术手段，实现对数据的快速处理和传输。利用云计算、边缘计算等技术，可以实现对海量数据的高效处理和存储，

提高数据的利用效率和灾害预警的实时性。同时，通过建立起灾害预警信息共享平台和智能化应急响应系统，可以实现对灾害预警信息的及时发布和传播，增强公众的灾害防范意识和应急响应能力。

总的来说，大数据在灾害预警中的应用为提高灾害预警能力和减少灾害损失提供了重要支持。未来随着大数据技术的不断发展和应用场景的不断拓展，大数据在灾害预警中的作用将会进一步加强，为构建安全、稳定的社会环境做出更大贡献。

三、AI 在交通安全管理与事故分析中的应用

（一）智能交通管理系统的发展与应用

随着城市交通问题的日益突出和交通管理的不断改进，智能交通管理系统作为一种新型的交通管理手段得到了广泛关注和应用。智能交通管理系统通过将人工智能技术与交通管理相结合，实现了对交通流量、车辆行驶状态等信息的实时监测和管理，从而提高了交通运输效率和交通安全水平。

智能交通管理系统主要包括交通信号控制、智能车辆识别、智能交通监控等功能模块。在交通信号控制方面，智能交通管理系统可以根据实时交通流量和道路状况，动态调整交通信号灯的时间间隔和相位，实现交通流的优化调度，减少交通拥堵和事故发生的可能性。在智能车辆识别方面，智能交通管理系统可以通过车载摄像头、车载传感器等设备对车辆进行智能识别和监控，实现对交通违章行为的自动识别和处罚，提高了交通管理的效率和准确性。在智能交通监控方面，智能交通管理系统可以通过交通摄像头、道路监测器等设备对道路交通状况进行实时监控和分析，及时发现和处理交通事故、堵塞等异常情况，保障道路交通的安全畅通。

（二）AI 在交通事故分析中的应用

除了在交通管理中的应用，人工智能技术还可以在交通事故分析中发挥重要作用。利用大数据分析和机器学习算法，可以对交通事故数据进行挖掘和分析，发现事故发生的规律和原因，为交通安全管理和事故预防提供科学依据。

AI 在交通事故分析中的应用主要包括以下几个方面：一是基于大数据分析的交通事故模式识别。通过分析历史交通事故数据，结合交通流量、道路条件、气象因素等多维数据，利用机器学习算法构建交通事故模式识别模型，可以发现不同类型交通事故的典型模式和影响因素。这些模式和因素的发现有助于交通管理部门对重点路段和时段采取有针对性的交通安全措施，降低事故发生的概率。

二是基于数据挖掘的交通事故原因分析。利用数据挖掘技术挖掘交通事故数据中的关联规则、频繁项集等信息，可以发现不同交通事故之间的内在联系和共同特征。通过分析这些共同特征，可以识别出导致事故发生的主要原因，为交通管理部门制定有针对性的事故预防措施提供科学依据。

三是基于深度学习的交通事故预测。利用深度学习算法对交通事故数据进行建模和训练，可以实现对未来交通事故发生的预测和预警。通过分析交通流量、道路状况、天气等因素的变化趋势，结合历史交通事故数据，可以实现对不同路段和时段交通事故发生的概率进行预测，为交通管理部门和驾驶员提供实时的安全提示和建议。

（三）AI 在交通安全管理与事故分析中的挑战和展望

尽管人工智能技术在交通安全管理与事故分析中取得了一系列进展和成就，但在实际应用中仍然面临着一些挑战和困难。首先，交通系统的复杂性和多变性给交通数据的采集和处理带来了很大挑战，需要克服数据不完整、数据噪声等问题，提高数据质量和可靠性。其次，交通事故的多因素、多层次特性使得事故模式识别和原因分析变得复杂和困难，需要进一步深入研究交通事故的机理和规律。此外，交通管理部门和驾驶员对人工智能技术的接受度和应用能力也需要进一步提高，促进人工智能技术在交通安全管理中的广泛应用。

展望未来，随着人工智能技术的不断发展和应用场景的不断拓展，人工智能在交通安全管理与事故分析中的作用将会进一步加强。未来人工智能技术将更加智能化和自适应，可以根据实际交通情况和用户需求动态调整交通管理策略和交通安全预警方式，为构建安全、高效的交通系统做出更大的贡献。同时，随着智能交通设施和智能车辆的不断普及和应用，人工智能技术在交通安全管理与事故分析中的应用前景将更加广阔，为实现交通安全和城市可持续发展注入新的活力。

第二节　人工智能与大数据在城市交通管理中的应用

一、智能交通系统的构建与优化

（一）智能交通系统的发展历程

随着城市化进程的加速和交通需求的不断增长，城市交通管理面临着日益复杂的挑战。为了有效应对交通拥堵、提升交通效率，智能交通系统应运而生。智能交通系统是一种集成了先进技术的综合性系统，包括智能交通信号控制、智能交通监测、智能交通管理等多个方面，旨在提升城市交通管理水平，改善出行环境。

智能交通系统的发展经历了从传统交通管理向智能化、信息化转型的过程。最初，城市交通管理主要依靠人工巡逻和交通信号控制器等简单设备，难以适应城市交通需求的快速增长和复杂变化。随着信息技术和通信技术的发展，智能交通系统逐渐应用于城市交通管理中，通过智能交通信号控制、智能交通监测等技术手段，实现对交通流量和道路状况的实时监测和调控，提高了交通运输效率和交通安全水平。近年来，随着人工智能和大数据技术的不断成熟和应用，智能交通系统进入了智能化、自适应化的新阶段，为城市交通管理带来了更多的创新和突破。

（二）智能交通系统的核心技术

智能交通系统的核心技术主要包括智能交通信号控制、智能交通监测、智能交通预测等方面。

智能交通信号控制是智能交通系统中的关键技术之一。传统的交通信号控制依靠定时定距的固定周期控制，难以适应交通流量的动态变化。而智能交通信号控制利用实时交通数据和智能算法，动态调整交通信号灯的时序和相位，实现交通流量的优化调度，缓解交通拥堵，提高道路通行效率。

智能交通监测是智能交通系统的另一个重要组成部分。通过安装交通摄像头、车载传感器等设备，对道路交通情况进行实时监测和分析，可以及时发现交通事故、道路堵塞等异常情况，为交通管理部门提供及时的决策支持。

智能交通预测是智能交通系统的前沿技术之一。利用历史交通数据和实时交通信息，结合机器学习、数据挖掘等技术，可以预测未来交通流量和道路状况的变化趋势，为交通管理部门制定合理的交通管理策略提供科学依据。

（三）智能交通系统的优化与挑战

尽管智能交通系统在提升城市交通管理水平方面取得了显著成效，但仍然面临着一些挑战和问题。首先，智能交通系统涉及大量的数据采集、处理和传输，需要消耗大量的计算资源和带宽资源，存在成本较高的问题。其次，智能交通系统涉及多个部门和多个系统的协同工作，存在数据孤岛和信息不对称的问题，影响了交通管理的综合效益。此外，智能交通系统还面临着数据隐私保护、系统安全等方面的挑战，需要加强技术研究和制度建设，保障交通系统的安全可靠运行。

展望未来，随着人工智能和大数据技术的不断发展和应用场景的不断拓展，智能交通系统将会进一步完善和普及。未来智能交通系统将更加智能化和自适应，可以根据实际交通情况和用户需求动态调整交通管理策略和交通安全预警方式，为构建安全、高效的交通系统做出更大的贡献。同时，随着智能交通设施和智能车辆的不断普及和应用，智能交通系统的应用场景和功能将不断拓展，为实现城市交通的智能化、绿色化发挥更加重要的作用。

二、大数据驱动的交通流量分析与预测

（一）大数据在交通流量监测中的应用

随着城市交通网络的不断扩张和交通需求的不断增长，交通流量监测成为城市交通管理的重要组成部分。传统的交通流量监测往往依赖有限数量的交通检测器和人工

调查，监测范围有限、监测精度不高。而随着大数据技术的发展和应用，交通流量监测得到了极大改善。大数据技术能够利用城市交通系统中的各种数据源，如交通摄像头、GPS 轨迹数据、移动应用程序等，实现对交通流量的全面监测和分析。具体来说，大数据在交通流量监测中的应用主要包括以下几个方面。

首先，大数据可以实现对交通流量的实时监测。通过分析交通摄像头拍摄的视频、车辆的 GPS 轨迹数据等，可以实时获取道路上车辆的行驶速度、密度等信息，构建起城市交通网络的实时状态图，为交通管理部门提供实时的交通流量数据和交通状况。

其次，大数据可以实现对交通流量的历史分析。通过整合历史交通数据，如车辆通行记录、道路拥堵情况等，利用数据挖掘和机器学习算法，可以发现交通流量的规律和周期性变化，分析交通高峰时段和拥堵原因，为交通管理部门制定交通管理策略提供参考。

再次，大数据可以实现对交通流量的预测。利用历史交通数据和实时交通信息，结合机器学习和深度学习等技术，可以建立起交通流量预测模型，实现对未来交通流量的预测和预警。这对于交通管理部门合理规划交通运输资源、优化交通组织具有重要意义。

最后，大数据还可以实现对交通流量的空间分析。通过对城市交通网络的拓扑结构进行分析，结合交通流量数据和道路网络属性，可以发现城市交通网络的瓶颈节点和拥堵路段，为交通管理部门优化道路规划和交通信号控制提供科学依据。

（二）大数据在交通流量预测中的应用

交通流量预测是城市交通管理中的关键问题之一。传统的交通流量预测方法往往依赖数学模型和统计分析，难以准确预测未来交通流量的变化趋势。而大数据技术可以利用大量的历史交通数据和实时交通信息，通过数据挖掘和机器学习算法，实现对未来交通流量的精准预测。

具体来说，大数据在交通流量预测中的应用主要包括以下几个方面。

首先，利用历史交通数据进行趋势分析。通过分析历史交通数据，如车辆通行记录、道路拥堵情况等，可以发现交通流量的周期性变化和趋势规律。基于这些规律，可以建立起交通流量预测模型，实现对未来交通流量的趋势预测。

其次，利用实时交通信息进行动态调整。大数据技术可以实时获取道路上车辆的行驶速度、密度等信息，结合实时的交通流量数据，可以动态调整交通流量预测模型的参数，提高预测的准确性和实时性。

再次，利用机器学习算法进行模型优化。通过应用机器学习算法，如支持向量机、随机森林等，可以对交通流量预测模型进行优化和调整，提高预测的精度和稳定性。机器学习算法还可以实现对交通流量预测模型的自动学习和优化，适应交通流量变化的复杂性和不确定性。

最后，利用空间信息进行空间分析。大数据技术可以实现对城市交通网络的空间分析，发现交通拥堵的空间分布和瓶颈节点，为交通流量预测提供空间参考和支持。这有助于交通管理部门更加准确地预测不同区域和路段的交通流量变化，制定有针对性的交通管理策略。

（三）大数据驱动的交通流量分析与预测的挑战和展望

尽管大数据技术在交通流量分析与预测中取得了一定的进展和成就，但仍然面临着一些挑战和问题。首先，交通数据的质量和可靠性对交通流量分析与预测的准确性有着重要影响。目前，由于数据来源的多样性和数据采集的不确定性，交通数据存在一定程度的噪声和偏差，如何有效处理和利用这些数据是一个亟待解决的问题。其次，交通流量的变化受到多种因素的影响，包括交通需求、道路状况、天气条件等，如何有效整合这些因素，构建全面的交通流量预测模型，是一个具有挑战性的任务。此外，交通管理部门和相关机构的数据共享和协同工作能力也需要进一步提高，以实现对交通流量分析与预测的全面覆盖和精准预测。

展望未来，随着大数据技术的不断发展和应用场景的不断拓展，大数据在交通流量分析与预测领域的前景十分广阔。未来，随着人工智能和大数据技术的不断成熟和应用，我们可以期待以下几个方面的发展。

首先，随着传感器技术和物联网的发展，交通数据的采集和传输将更加便捷高效。各类交通设备、车辆、智能交通信号系统等将不断增加，为交通流量数据的采集提供更丰富的来源，从而提高数据的全面性和准确性。

其次，人工智能技术的不断进步将使交通流量分析与预测模型更加智能化和精准化。深度学习算法、增强学习算法等的应用将进一步提高交通流量预测的准确性和稳定性，使预测结果更加可靠。

再次，大数据技术的不断发展将促进交通管理部门和相关机构之间的数据共享和合作。建立起交通数据共享平台和交通信息共享标准，促进各类交通数据的整合和共享，有助于扩大交通流量分析与预测的覆盖范围，提高精度。

最后，智能交通系统的不断普及和应用将为交通流量分析与预测提供更广阔的应用场景。智能交通信号控制系统、智能交通监控系统等的应用将进一步增加交通数据的采集和使用，为交通流量分析与预测提供更多的数据支持和技术保障。

总的来说，大数据在交通流量分析与预测中的应用具有重要的意义和广阔的前景。通过充分利用大数据技术，我们可以更好地理解城市交通系统的运行规律，实现交通流量的精准监测和预测，为城市交通管理提供科学依据，促进城市交通的安全、高效发展。

第三节　人工智能与大数据在环境监测和保护中的应用

一、环境质量监测与数据分析

（一）环境质量监测的重要性

环境质量监测是指对环境中的各项指标进行实时监测和分析，以评估环境质量状况，并为环境保护和管理提供科学依据。随着工业化和城市化的快速发展，环境污染日益严重，各种污染物对人类健康和生态环境造成了严重影响。因此，加强环境质量监测，及时发现和解决环境问题，对于保障公众健康和促进可持续发展具有重要意义。

（二）大数据在环境质量监测中的应用

大数据技术在环境质量监测中发挥着重要作用，主要体现在数据的采集、存储、处理和分析等方面。

首先，大数据技术可以实现对环境数据的全面采集和监测。通过部署各类环境监测设备，如空气质量监测站、水质监测站、噪声监测设备等，可以实时采集环境数据，如空气污染物浓度、水质指标、噪声水平等，构建起环境数据的全面监测网络，为环境质量监测提供数据支持。

其次，大数据技术可以实现对大规模环境数据的高效存储和管理。环境监测数据通常具有海量性、多样性和实时性等特点，需要利用大数据技术进行有效存储和管理。采用分布式存储、云计算等技术，可以实现对环境数据的高效存储和检索，提高数据的利用效率。

再次，大数据技术可以实现对环境数据的快速处理和分析。通过利用数据挖掘、机器学习等技术，可以对环境数据进行智能化处理和分析，发现数据之间的关联性和规律性，提取出潜在的环境问题和异常信号，为环境保护部门提供预警和决策支持。

最后，大数据技术可以实现对环境数据的可视化展示和共享应用。通过建立起环境监测数据的可视化平台和数据共享机制，可以实现对环境数据的动态展示和共享应用，提高公众对环境问题的关注度和参与度，促进环境保护工作的开展。

（三）人工智能在环境质量数据分析中的应用

人工智能技术在环境质量数据分析中也发挥着重要作用，主要体现在数据的挖掘、分析和预测等方面。

首先，人工智能技术可以实现对环境数据的智能化分析。通过应用机器学习算法和深度学习算法，可以对环境数据进行智能化分析，发现数据之间的关联性和规律性，提取出环境问题的特征和规律，为环境质量改善提供科学依据。

其次，人工智能技术可以实现对环境数据的异常检测和预警。通过建立起环境数据的异常监测模型，监测环境数据的变化趋势，发现环境问题的异常信号，及时进行预警和应对，避免环境问题的进一步恶化。

再次，人工智能技术可以实现对环境数据的预测和模拟。通过建立起环境质量模型和预测模型，结合历史环境数据和气象、地质等因素，可以预测未来环境质量的变化趋势，为环境保护部门制定环境管理策略提供科学依据。

最后，人工智能技术可以实现对环境数据的智能化管理。通过应用智能化管理系统，对环境监测数据进行实时监测和分析，实现对环境质量的智能化管理和控制，提高环境监测和保护的效率和效果。

二、AI 在污染源识别与治理中的应用

（一）污染源识别的重要性

污染源识别是环境保护工作中的重要环节，其主要目的是找出污染物的来源及其排放规模，为环境保护部门采取有针对性的治理措施提供依据。传统的污染源识别工作主要依靠人工调查和监测，效率低、成本高、覆盖面有限。而利用人工智能技术进行污染源识别可以提高识别的准确性和效率，为环境保护工作提供更加科学的支持。

（二）AI 在污染源识别中的应用

人工智能技术在污染源识别中具有重要作用，其主要应用包括以下几个方面。

首先，人工智能技术可以实现对污染源的智能识别。通过利用机器学习、深度学习等技术，对大量的环境监测数据进行分析和挖掘，可以发现不同污染源的特征和模式，实现对污染源的智能识别。例如，利用监测数据中的特征参数，结合地理信息系统（GIS）等数据，可以实现对污染源的自动识别和定位。

其次，人工智能技术可以实现对污染源的实时监测和预警。通过建立起污染源监测系统，实时采集和监测环境数据，利用机器学习算法对监测数据进行分析和处理，可以及时发现污染源的异常情况，并进行预警和应对。例如，当监测数据中出现异常波动时，系统可以自动发出预警信号，提醒相关部门进行调查和处理。

再次，人工智能技术可以实现对污染源的源头追溯和溯源分析。通过对污染源的排放数据进行分析和挖掘，结合监测数据和环境背景信息，可以实现对污染源的源头追溯和溯源分析，找出污染物的具体来源和排放路径，为环境保护部门制定有针对性的治理措施提供科学依据。

最后，人工智能技术可以实现对污染源的智能治理和控制。通过建立起智能化污染源治理系统，利用机器学习算法对污染源的排放数据进行实时监测和分析，可以实现对污染源的智能化治理和控制，及时调整治理措施，降低污染物的排放浓度，保障

环境质量和公众健康。

三、基于大数据的环境政策制定与评估

（一）环境政策制定的重要性

环境政策制定是保障环境质量、实现可持续发展的重要手段之一。科学合理的环境政策可以引导企业和个人合理利用资源、减少污染排放，促进环境保护和生态文明建设。因此，加强基于大数据的环境政策制定和评估具有重要意义。

（二）大数据在环境政策制定中的应用

大数据技术在环境政策制定中的应用主要体现在以下几个方面。

首先，利用大数据技术可以实现对环境问题的全面评估。通过整合各类环境监测数据、地理信息数据、社会经济数据等，可以全面了解环境问题的分布状况、发展趋势和影响因素，为环境政策的制定提供科学依据。

其次，大数据技术可以实现对环境政策的效果评估。通过对环境政策实施后的环境数据进行监测和分析，可以评估环境政策的实施效果和社会经济效益，为环境政策的调整和优化提供参考。

再次，大数据技术可以实现对环境政策的精细化管理。通过建立起环境监测和预警系统，利用大数据技术对环境数据进行实时监测和分析，可以实现对环境问题的精细化管理和智能化控制，提高环境政策的执行效率和管理水平。

最后，大数据技术还可以实现对环境政策的智能化决策支持。通过建立起环境政策决策支持系统，利用大数据技术对环境数据进行深度挖掘和分析，可以为政府部门和决策者提供智能化的决策支持，为制定科学合理的环境政策提供技术支持。

（三）基于大数据的环境政策评估的挑战与展望

尽管大数据技术在环境政策制定和评估中取得了一定成就，但仍然面临着一些挑战和问题。首先，环境数据的质量和可靠性对环境政策评估的准确性有着重要影响。目前，由于数据来源的多样性和数据采集的不确定性，环境数据存在一定程度的噪声和偏差，如何有效处理和利用这些数据是一个亟待解决的问题。其次，环境政策的制定和实施涉及多个利益相关方，需要综合考虑环境保护、经济发展、社会稳定等多方面因素，如何实现环境政策的协同推进和综合评估也是一个具有挑战性的问题。此外，环境政策的制定和评估需要政府部门、企业机构和科研机构之间的协同合作和数据共享，但在实际操作中存在数据壁垒、信息孤岛等问题，如何加强数据共享和协同工作能力也是一个需要解决的难题。

展望未来，随着大数据技术的不断发展和应用场景的不断拓展，基于大数据的环境政策制定与评估将迎来更多的机遇和挑战。未来，我们可以期待以下几个方面的发展。

首先，随着环境监测技术的不断提升和环境数据的不断积累，环境数据的质量和可靠性将得到进一步提高，为基于大数据的环境政策制定和评估提供更加可靠的数据基础。

其次，随着人工智能技术的不断发展和应用，智能化环境监测与治理系统将得到更广泛地应用，为环境政策的制定和评估提供更加智能化的决策支持。

再次，随着数据共享和协同工作能力的不断提升，政府部门、企业机构和科研机构之间的合作关系将得到进一步加强，形成多方参与、协同推进的环境治理机制。

最后，随着环境治理理念的不断深化和环境法律法规的不断完善，环境政策的制定和评估将更加注重科学性、合理性和可操作性，为推动环境保护工作取得更加显著的成效。

综上所述，人工智能和大数据技术在环境监测与保护领域的应用具有重要意义和广阔前景。通过充分利用大数据技术，加强环境数据的采集、处理和分析，结合人工智能技术，实现对环境问题的智能识别、监测和治理，可以为促进环境保护和实现可持续发展做出重要贡献。同时，需要政府部门、企业机构、科研机构等多方共同努力，加强合作与创新，推动人工智能和大数据技术在环境监测与保护中的广泛应用，为建设美丽中国和美好世界做出积极贡献。

第四节　人工智能与大数据在教育和文化领域的应用

一、智能教学辅助系统的开发与应用

(一) 智能教学辅助系统的概述

随着信息技术的迅速发展，智能教学辅助系统成为教育领域的重要工具，为教师和学生提供了更加便捷、高效的教学和学习方式。智能教学辅助系统利用人工智能和大数据技术，通过对学生学习行为和学习数据的分析，为教学过程提供个性化的辅助和指导，提高教学效率和学习效果。

(二) 智能教学辅助系统的功能

智能教学辅助系统主要具有以下几个功能。

1. 个性化学习推荐

根据学生的学习水平、兴趣爱好和学习习惯等特点，智能教学辅助系统可以推荐符合学生个性化需求的学习资源和教学内容，提高学习的针对性和有效性。

2. 学习进度跟踪

智能教学辅助系统可以实时跟踪学生的学习进度和学习行为，分析学生的学习情况和学习效果，为教师提供学生学习情况的反馈和评估，帮助教师及时调整教学策略

3. 学习内容个性化定制

根据学生的学习情况和学习需求，智能教学辅助系统可以自动生成个性化的学习计划和学习路径，为学生提供个性化的学习指导和学习支持。

4. 作业批改与反馈

智能教学辅助系统可以自动批改学生的作业和测验，提供详细的评价和反馈，帮助学生了解自己的学习成绩和存在的问题，促进学生的自主学习和自我提高。

5. 教学资源管理与分享

智能教学辅助系统可以整合各类教学资源，包括教学视频、教学文档、教学案例等，为教师提供便捷的教学资源管理和共享平台，促进教学资源的共享和交流。

（三）智能教学辅助系统的应用案例

智能教学辅助系统已经在各个教育领域得到了广泛应用，具有很多成功的案例。例如：

1. 在在线教育平台上，智能教学辅助系统可以根据学生的学习需求和学习进度，为学生提供个性化的学习内容和学习支持，提高在线教育的教学效果和学习体验。

2. 在传统教育机构中，智能教学辅助系统可以帮助教师实现课堂教学的个性化和差异化，根据学生的学习情况和学习需求，调整教学内容和教学方法，提高教学的针对性和效果。

3. 在个性化教育领域，智能教学辅助系统可以根据学生的学习水平和学习能力，为学生量身定制个性化的学习计划和学习路径，帮助学生实现自主学习和自我提高。

综上所述，智能教学辅助系统在教育领域的应用具有广阔的前景和重要的意义。通过充分利用人工智能和大数据技术，开发和应用智能教学辅助系统，可以实现教育资源的优化配置和教学过程的个性化指导，促进教育教学的改革与创新，推动教育事业的发展与进步。

二、大数据驱动的个性化学习路径规划

（一）个性化学习路径规划的概述

个性化学习路径规划是指根据学生的学习特点、学习水平和学习目标，利用大数据技术对学生的学习数据进行分析和挖掘，为学生量身定制个性化的学习路径和学习计划，提供个性化的学习指导和学习支持，提升学生的个性化学习效果。

（二）大数据在个性化学习路径规划中的应用

大数据技术在个性化学习路径规划中发挥着重要作用，主要体现在以下几个方面。

1. 学习数据的采集和分析

利用大数据技术可以对学生的学习数据进行全面、准确的采集和分析，包括学生的学习行为、学习时间、学习进度、学习成绩等方面的数据，为个性化学习路径规划提供数据支持。

2. 学习行为模式的挖掘

通过对学生学习数据的挖掘和分析，可以发现不同学生的学习行为模式和学习特点，包括学习兴趣、学习偏好、学习习惯等，为个性化学习路径规划提供参考依据。

3. 学习路径的优化和调整

根据学生的学习数据和学习行为模式，可以动态调整和优化学生的学习路径和学习计划，提供符合学生个性化需求的学习内容和学习支持，提高学习的针对性和有效性。

4. 学习进度的监测和反馈

利用大数据技术可以实时监测学生的学习进度和学习效果，为教师和学生提供实时的学习反馈和评价，帮助学生及时调整学习策略和学习计划，提高学习的效率和效果。

5. 学习资源的个性化推荐

根据学生的学习需求和学习目标，可以利用大数据技术为学生推荐符合个性化需求的学习资源和学习内容，提供个性化的学习支持和学习指导，提升学生的个性化学习成效。

（三）大数据驱动的个性化学习路径规划的应用案例

大数据驱动的个性化学习路径规划已经在教育领域得到了广泛应用，具有很多成功的应用案例。例如：

1. 在在线教育平台上，利用大数据技术可以根据学生的学习数据和学习行为模式，为学生量身定制个性化的学习路径和学习计划，提供个性化的学习支持和学习指导，提高在线教育的教学效果和学习体验。

2. 在传统教育机构中，利用大数据技术可以分析学生的学习数据和学习行为模式，为学生提供个性化的学习建议和学习指导，帮助教师更好地了解学生的学习情况和学习需求，提高教学的针对性和有效性。

3. 在个性化教育领域，利用大数据技术可以为学生量身定制个性化的学习路径和学习计划，根据学生的学习需求和学习目标，提供个性化的学习支持和学习指导，促进学生的个性化学习和学习效果。

综上所述，大数据驱动的个性化学习路径规划在教育领域的应用具有重要的意义和广阔的前景。通过充分利用大数据技术，分析和挖掘学生的学习数据，为学生量身定制个性化的学习路径和学习计划，可以提高教学的针对性和有效性，提升学生个性化的学习效果。

第五节 人工智能与大数据在政府治理中的应用和挑战

一、政府数据资源的整合与共享

（一）政府数据资源整合的背景与意义

随着信息化和数字化的发展，政府部门积累了大量的数据资源，包括人口统计数据、经济发展数据、社会管理数据等。这些数据资源对于政府决策、公共服务和社会治理具有重要意义。然而，由于历史原因和部门间信息孤岛等问题，政府数据资源往往存在碎片化、孤立化的情况，导致数据的重复采集、浪费和利用效率低下。因此，政府需要进行政府数据资源的整合与共享，实现政府数据资源的统一管理和共享利用，提高政府数据资源的价值和效益。

（二）政府数据资源整合与共享的作用

1. 提高政府决策的科学性和精准性

通过整合不同部门和领域的数据资源，政府可以获取更加全面、准确的信息，为政府决策提供科学依据和数据支持，提高政府决策的科学性和精准性。

2. 优化公共服务的供给和管理

通过整合政府各部门的数据资源，政府可以实现公共服务的优化配置和精细化管理，提高公共服务的质量和效率，满足公众多样化的需求。

3. 加强社会治理的智能化和精细化

通过整合政府各部门和社会组织的数据资源，政府可以实现对社会治理的智能化和精细化管理，发现社会问题和矛盾的根源，及时采取有效措施，维护社会稳定和安全。

（三）政府数据资源整合与共享的挑战和对策

1. 数据安全与隐私保护

政府数据资源整合与共享过程中，涉及大量的敏感信息和个人隐私数据，如何保障数据的安全和隐私保护成为一个重要问题。政府应建立完善的数据安全管理制度和技术手段，加强数据加密、权限控制和审计监管，保障数据的安全和隐私。

2. 技术标准与互操作性

政府各部门和系统采用的数据格式、数据标准和技术平台不同，存在数据互操作性和集成难题。政府应加强技术标准的统一制定和推广应用，建立开放、共享的数据接口和平台，实现政府数据资源的互联互通。

3. 法律法规与政策环境

政府数据资源整合与共享涉及众多的法律法规和政策环境，如数据产权、数据开放、数据共享等方面的法律法规尚不完善，政府应加强相关法律法规的制定和完善，为政府数据资源整合与共享提供法律保障和政策支持。

二、AI 辅助的政府决策与公共服务

（一）AI 辅助的政府决策概述

随着人工智能技术的不断发展和应用，人工智能已经成为政府决策和公共服务的重要工具。人工智能技术可以通过对大数据的分析和挖掘，发现数据之间的关联性和规律性，为政府决策提供科学依据和决策支持；同时，人工智能技术还可以实现对公共服务的智能化和个性化，提高公共服务的质量和效率。

（二）AI 辅助政府决策的作用

1. 数据分析与预测

人工智能技术可以通过对大数据的分析和挖掘，发现数据之间的关联性和规律性，实现对发展趋势的预测，为政府决策提供科学依据。例如，利用人工智能技术分析城市交通数据，可以预测未来交通拥堵的情况，为交通管理部门调整交通流量提供参考。

2. 智能决策支持

人工智能技术可以通过对历史数据和实时数据的分析，辅助政府决策者制定决策方案和政策措施。例如，利用人工智能技术分析医疗卫生数据，可以为政府卫生部门提供疾病防控的决策支持，及时制定应对措施。

3. 数据驱动的管理与监督

人工智能技术可以实现对政府管理和监督的智能化和数据驱动化。例如，利用人工智能技术分析政府运营数据，可以发现政府部门的工作疏漏和管理不当，提高政府管理的效率和透明度。

4. 个性化公共服务

人工智能技术可以根据个体用户的需求和偏好，实现对公共服务的个性化定制。例如，利用人工智能技术分析市民健康数据，可以为市民提供个性化的健康管理方案和医疗服务，提高公共服务的满意度和便利性。

（三）AI 辅助的政府决策的挑战与对策

1. 数据质量与数据标准

政府数据质量和数据标准对于人工智能技术的应用至关重要，然而政府数据质量参差不齐，数据标准不一，给人工智能技术的应用带来了困难。政府应加强对数据质量的管理和控制，建立统一的数据标准和格式，提高数据的质量和可用性。

2. 技术壁垒与人才缺乏

人工智能技术的应用需要专业的技术人才和高端的技术设备，然而政府部门普遍存在技术壁垒和人才缺乏的问题。政府应加强对人工智能技术人才的培养和引进，建立专业的人才队伍，提高政府部门应对人工智能技术的能力和水平。

3. 隐私保护与数据安全

人工智能技术的应用涉及大量的个人隐私数据和敏感信息，如何保护隐私数据和确保数据安全成为一个重要问题。政府应加强对隐私保护和数据安全的法律法规制定和执行，建立健全的数据安全管理制度和技术手段，保障数据的安全和隐私。

4. 透明度与监督机制

人工智能技术的应用涉及政府决策和公共服务的智能化和自动化，如何保障政府决策的透明度和公正性成为一个重要问题。政府应加强对人工智能技术应用过程的监督和审查，建立健全的监督机制和问责制度，确保政府决策的合法性和公正性。

三、技术伦理与数据安全面临的挑战和对策

（一）技术伦理问题的挑战

1. 数据隐私和个人权利保护

随着大数据和人工智能技术的快速发展，个人数据的采集、分析和利用面临着越来越严重的隐私和个人权利保护问题。政府和企业应该建立严格的数据隐私保护机制，明确数据收集和使用的范围，保障个人数据的安全和隐私。

2. 数据偏见和歧视问题

在数据分析和决策过程中，可能存在数据偏见和歧视现象，导致不公平的结果。政府和企业应该加强对数据分析过程的监督和审查，避免数据偏见和歧视的发生，保证决策的公平和公正。

3. 技术失控和风险管理问题

人工智能技术的应用可能存在技术失控和风险管理问题，如何有效应对技术风险和挑战，成为一个重要问题。政府和企业应该建立健全的技术风险管理体系，加强技术监管和风险评估，确保技术应用的安全和稳定。

（二）数据安全面临的挑战与对策

1. 数据泄露和数据滥用问题

随着数据规模的不断扩大和数据流动的不断增加，数据泄露和数据滥用问题成为一个日益严重的挑战。政府和企业应加强对数据流动和数据使用的监控和管理，建立健全的数据安全管理制度，防止数据泄露和数据滥用的发生。

2. 数据存储和传输安全

数据在存储和传输过程中可能面临被窃取、篡改或破坏的风险，尤其是涉及敏感

信息和重要数据时更为关键。政府和企业应采取加密、身份验证、访问控制等措施，确保数据在存储和传输过程中的安全性。

3. 跨境数据流动管理

随着互联网的发展，数据跨境流动日益频繁，但不同国家的数据管理标准和法律法规存在差异，导致跨境数据流动面临诸多挑战。政府应加强国际合作，制定统一的跨境数据流动管理机制，促进数据跨境流动的安全和有序进行。

4. 技术攻击与防范

面对日益复杂的网络安全威胁和技术攻击，政府和企业应加强网络安全建设和防护措施，建立健全的网络安全保障体系，及时发现和应对各类安全威胁和攻击行为，确保数据安全和网络安全。

综上所述，技术伦理和数据安全是人工智能和大数据应用过程中面临的重要挑战。政府和企业应加强对技术伦理和数据安全问题的重视，建立健全的管理制度和监督机制，加强技术研发和安全防护，保障数据的安全和隐私，促进人工智能和大数据技术的健康发展和应用。

第七章

人工智能与大数据在科学研究中的应用和实践

第一节　人工智能与大数据在科学探索中的应用案例

在当今科学研究领域中，人工智能（AI）和大数据技术已经成为不可或缺的工具。它们的应用不仅极大地推动了科学的发展，也为科学家提供了全新的研究方法和思路。本节将探讨人工智能与大数据在物理学、生物学和天文学等领域的应用案例，展示它们在科学探索中的重要作用。

一、物理学中的大数据模拟与分析

（一）宇宙模拟

在宇宙学研究中，宇宙模拟是一项重要的工具，用于模拟宇宙的演化过程及天体的形成和演化。这些模拟通常需要处理大量的天体数据，涉及宇宙中各种天体的运动、相互作用及宇宙结构的形成等问题。

人工智能和大数据技术为宇宙模拟提供了强大的支持。通过深度学习等人工智能技术，科学家可以更加准确地模拟宇宙的演化过程，发现宇宙中隐藏的规律和结构。同时，大数据技术可以处理海量的天体数据，为宇宙模拟提供必要的数据支持。

例如，欧洲空间局的暗能量望远镜（Euclid）项目利用大数据技术分析了大量的天体观测数据，对暗能量和暗物质等宇宙学重要问题进行了深入研究。而哈佛－史密松天体物理中心的宇宙模拟项目，采用了人工智能技术对宇宙的结构进行模拟，揭示了宇宙中大尺度结构的形成和演化规律。

（二）粒子物理实验数据分析

在粒子物理学研究中，实验数据分析是一个关键的环节。实验数据通常包含大量的事件数据，需要对这些数据进行处理和分析，以寻找粒子物理学中的新现象和规律。

人工智能和大数据技术为粒子物理实验数据分析提供了新的思路和方法。通过深度学习等人工智能技术，科学家可以更加高效地对实验数据进行分析和挖掘，发现其中隐藏的物理规律和粒子行为。

例如，欧洲核子中心（CERN）的大型强子对撞机（LHC）实验利用人工智能技术对大量的实验数据进行分析，发现了希格斯玻色子等重要粒子，推动了粒子物理学研究的发展。同时，日本的超级计算机"神威·太湖之光"也在粒子物理学研究中发挥了重要作用，利用大数据技术对实验数据进行模拟和分析，为理解基本粒子的性质和相互作用提供了重要支持。

（三）材料科学中的模拟与设计

在材料科学研究中，材料的模拟和设计是一个重要的研究方向。科学家通过模拟材料的结构和性质，设计出具有特定功能和性能的新材料，推动了材料科学领域的发展。

人工智能和大数据技术为材料模拟和设计提供了新的思路和方法。通过机器学习等人工智能技术，科学家可以快速准确地预测材料的性质和行为，加速材料的研发过程。同时，大数据技术可以处理大量的材料数据，为材料模拟和设计提供必要的数据支持。

例如，美国能源部的材料基因组计划利用人工智能技术对材料的性质进行模拟和预测，发现了许多新型功能材料，如具有高导电性和高强度的新材料等。而英国剑桥大学的材料科学中心也利用大数据技术对材料数据进行挖掘和分析，为新材料的设计和合成提供了重要支持。

二、生物学中的基因测序与数据挖掘

（一）基因组测序

基因组测序是生物学研究中的一项重要技术，用于确定生物体的基因组序列。通过基因组测序，科学家可以了解生物体的基因组结构和功能，揭示基因与表型之间的关系，推动生物学领域的研究和应用。

人工智能和大数据技术为基因组测序提供了重要的支持。通过深度学习等人工智能技术，科学家可以更加准确地进行基因组测序和分析，发现基因组中的重要基因和变异。同时，大数据技术可以处理大量的基因组数据，为基因组研究提供必要的数据支持。

例如，高通量测序技术的发展使得基因组测序的速度和效率大幅提升，但同时也产生了海量的基因组数据。这就需要借助大数据技术对这些数据进行高效存储、管理和分析。

在基因组测序领域，人工智能技术在多个方面都发挥了重要作用。首先，人工智能可以帮助提高基因组序列的拼接和组装效率，通过对碱基序列的分析和匹配，自动进行基因组序列的拼接和组装，提高了基因组测序的准确性和速度。其次，人工智能还可以用于基因的注释和功能预测，通过对基因序列的结构和编码区域进行分析，预测基因的功能和生物学意义。另外，人工智能还能够在基因变异检测和疾病诊断中发挥作用，通过对基因组数据的分析，发现基因变异与疾病之间的关联性，为疾病的诊断和治疗提供参考依据。

除了基因组测序，大数据技术还可以应用于生物信息学研究中的数据挖掘和分析。生物信息学研究涉及大量的生物数据，包括基因组数据、蛋白质数据、代谢组数据等，这些数据可以通过大数据技术进行存储、管理和分析，挖掘其中的规律和模式。例如，利用机器学习等大数据技术，可以对基因组数据进行分类和聚类分析，发现基因之间的相互作用关系和调控网络，揭示生物体内部的复杂生物学过程和机制。同时，大数据技术还可以用于药物设计和药效预测，通过对大量的生物数据进行分析，预测药物与靶点之间的相互作用，为新药的研发和临床应用提供支持。

因此，人工智能和大数据技术在生物学中的应用为基因组测序、生物信息学研究等领域带来了许多新的机遇和挑战，推动了生物学领域的研究和发展。

（二）生物信息学中的蛋白质结构预测

蛋白质是生物体内最基本的功能分子之一，其结构与功能密切相关。传统的实验方法蛋白质结构预测通常耗时耗力，而且成本较高。因此，利用人工智能和大数据技术对蛋白质结构进行预测成为一种新的研究方法。

通过人工智能技术，科学家可以利用已知的蛋白质结构数据建立模型，然后通过机器学习等方法，对新的蛋白质序列进行结构预测。这种方法大大提高了蛋白质结构预测的准确性和效率。

例如，Alphafold 项目是由 DeepMind 开发的一种蛋白质结构预测算法，采用了深度学习技术，能够对蛋白质的结构进行高精度的预测。该项目在 CASP 比赛中取得了显著的成绩，为生物学研究提供了重要的工具和方法。

（三）基因组数据挖掘与疾病诊断

基因组数据挖掘是利用大数据技术对基因组数据进行分析和挖掘，发现其中的潜在规律和模式。这些规律和模式可以揭示基因与疾病之间的关联性，为疾病的诊断和治疗提供重要的参考依据。

通过基因组数据挖掘，科学家可以发现基因变异与疾病之间的关联性，识别出与疾病风险相关的基因标记，为疾病的早期诊断和个体化治疗提供依据。例如，利用大数据技术对乳腺癌基因组数据进行分析，可以发现潜在的致病基因或变异，从而帮助医生进行更早期的乳腺癌诊断，提高治疗的效果和患者的生存率。

此外，基因组数据挖掘还可以应用于药物研发和药效预测。通过分析基因组数据和药物作用机制，科学家可以预测不同个体对药物的反应和耐受性，为个性化药物治疗提供支持。例如，通过大规模的基因组数据分析，科学家可以发现特定基因变异与药物代谢酶的活性有关，进而预测患者对特定药物的代谢速度和药效反应，从而指导临床用药。

总的来说，生物学中的基因测序和生物信息学研究是人工智能和大数据技术得到广泛应用的领域之一。通过利用这些先进技术，科学家可以更加高效地进行基因组测序、蛋白质结构预测和基因组数据挖掘，加速生物学领域的研究和应用，推动医学进步和健康事业的发展。

三、天文学中的星体识别与数据分析

（一）天体图像识别

在天文学研究中，天体图像识别是一个重要的任务，用于识别和分类天体图像中的各种天体类型，如恒星、星系、星云等。传统的天体图像识别通常依赖人工观测和分析，耗时耗力且效率低下。

近年来，人工智能技术的发展为天体图像识别提供了新的解决方案。通过深度学习等人工智能技术，科学家可以训练神经网络模型，对天体图像进行自动识别和分类，提高了天体图像识别的准确性和效率。这种方法不仅可以应用于天文观测数据的处理，还可以用于卫星和航天器拍摄的天体图像的分析和识别。

例如，NASA 的旗舰太空望远镜哈勃空间望远镜拍摄了大量的天体图像，包括星系、星云、行星等。利用人工智能技术，科学家可以对这些天体图像进行自动识别和分类，从而更加深入地了解宇宙的结构和演化。

（二）天体数据分析

除了天体图像识别，天文学研究还需要对天体数据进行分析和挖掘，以揭示宇宙的规律和结构。天体数据通常包括天体的位置、亮度、光谱等信息，需要对这些数据进行处理和分析，从中挖掘出天体运动规律、宇宙结构等重要信息。

人工智能和大数据技术为天体数据分析提供了新的思路和方法。通过机器学习等人工智能技术，科学家可以建立天体数据的模型，预测天体的运动轨迹和行为。同时，大数据技术可以处理海量的天体数据，进行数据挖掘和分析，发现其中的规律和模式。

例如，国际天文联合会的天体数据库包含了大量的天体观测数据，如恒星、行星、彗星等。利用大数据技术，科学家可以对这些天体数据进行分析和挖掘，发现新的天体现象和规律，为宇宙的研究和探索提供重要支持。

（三）宇宙学模拟

在宇宙学研究中，宇宙学模拟是一种重要的方法，用于模拟宇宙的演化过程和天体的形成与演化。宇宙学模拟通常需要处理大量的天体数据，涉及宇宙中各种天体的运动、相互作用，以及宇宙结构的形成等问题。

人工智能和大数据技术为宇宙学模拟提供了强大的支持。通过人工智能技术，科学家可以更准确地模拟宇宙的演化过程，发现其中隐藏的规律和结构。例如，通过深度学习等技术，可以对宇宙中不同尺度上的结构和形态进行模拟，并预测宇宙的演化历程。同时，大数据技术可以处理大量的天体数据，为宇宙模拟提供必要的数据支持。

一个典型的应用案例是通过宇宙学模拟来研究暗物质和暗能量。暗物质和暗能量是当前宇宙学中的两个重要问题，它们对宇宙的结构和演化起着至关重要的作用。通过利用大数据技术分析宇宙微波背景辐射数据及观测到的大型结构（如星系团、星系超团等），科学家可以建立宇宙学模型，并运用人工智能技术对这些模型进行优化和调整，以最佳地拟合观测数据。这些模拟不仅有助于理解暗物质和暗能量的性质，还可以对宇宙结构的形成和演化提供重要线索。

此外，宇宙学模拟还可以用于研究星系形成和演化的过程。通过模拟宇宙中不同尺度上的结构和物质分布，科学家可以模拟星系的形成和演化历史，探究星系间相互作用的规律及星系形态和性质的演化过程。这些模拟结果可以与实际观测数据进行比较，从而验证天体物理理论和模型的准确性，并提供新的研究方向和启示。

综上所述，人工智能和大数据技术在天文学中的应用为天体图像识别、天体数据分析和宇宙学模拟等领域提供了强大的支持，推动了天文学研究的发展，拓展了我们对宇宙的认知。随着人工智能和大数据技术的不断进步，相信它们将继续在天文学研究中发挥重要作用，为我们解开宇宙奥秘提供帮助。

第二节　人工智能与大数据在医学研究中的应用

医学研究是一个关乎人类健康和生命的重要领域，近年来，随着人工智能（AI）和大数据技术的迅猛发展，它们在医学研究中的应用有着巨大的潜力。本节将探讨人工智能与大数据在医学研究中的应用案例，包括大数据驱动的疾病预测与诊断、AI在药物研发与临床试验中的应用，以及基于大数据的个性化医疗方案制定。

一、大数据驱动的疾病预测与诊断

（一）基于生物标志物的疾病预测

生物标志物是指在生物体内可以直接或间接指示生物学状态的物质。利用大数据技术，科学家可以分析大量的生物标志物数据，建立与疾病相关的模型，从而实现疾病的预测和诊断。

例如，在癌症研究中，科学家通过分析肿瘤标志物的基因组数据和蛋白质表达数据，可以发现肿瘤的潜在生物标志物，并利用机器学习等技术建立癌症预测模型。这些模型可以根据患者的生物标志物数据，预测患者患癌的风险，并提供个性化的预防和治疗建议。

（二）影像诊断辅助

医学影像是一种重要的诊断工具，但医生对于大量的医学影像数据的分析和诊断往往需要耗费大量的时间和精力。人工智能技术可以通过深度学习等方法，对医学影像进行自动识别和分析，辅助医生进行疾病的诊断。

例如，深度学习技术可以用于医学影像中肿瘤的自动检测和分割，从而帮助医生识别肿瘤的位置和大小，指导临床治疗。此外，人工智能还可以用于医学影像的质量控制和辅助诊断，提高医学影像诊断的准确性和效率。

（三）疾病风险评估

利用大数据技术分析患者的健康数据和生活习惯数据，可以建立个性化的健康风险评估模型，预测患者未来发生疾病的风险，并提供相应的预防和干预措施。

例如，通过分析患者的基因组数据、生活方式数据和临床检测数据，科学家可以建立心血管疾病风险评估模型，预测患者患心血管疾病的风险，并提供个性化的预防和治疗建议。这些预测模型可以帮助医生更好地制定患者的健康管理方案，降低疾病的发生和发展风险。

二、AI 在药物研发与临床试验中的应用

（一）药物筛选和设计

传统的药物研发过程通常需要耗费大量的时间和资源，而且成功率较低。人工智能技术可以通过深度学习等方法，对药物分子的结构和性质进行分析和预测，加速药物的筛选和设计过程。

例如，利用人工智能技术，科学家可以对药物分子进行虚拟筛选和分析，预测药物与靶标之间的相互作用，发现潜在的药物候选物。这种方法不仅可以加速药物研发的进程，还可以降低研发成本，提高药物的成功率。

（二）临床试验优化

临床试验是评价药物安全性和有效性的关键步骤，但传统的临床试验往往需要耗费大量的时间和资源，而且存在样本量不足、临床数据质量不高等问题。人工智能技术可以通过分析临床试验数据，优化临床试验设计和实施过程，提高临床试验的效率和成功率。

例如，利用机器学习等技术，科学家可以分析临床试验数据，发现患者的个体差异和治疗反应的模式，从而优化临床试验的样本选择、分组设计和治疗方案制定。这种个性化的临床试验设计可以提高试验的效率和准确性，加速新药的上市进程。

（三）药物副作用预测

药物的副作用是一个重要的安全性问题，传统的药物研发过程通常需要在临床试验阶段对药物的安全性进行详细评估。然而，由于临床试验的局限性，一些罕见的或长期使用的副作用可能难以在短时间内被发现。

随着人工智能技术的发展，尤其是深度学习和自然语言处理技术的突破，药物副

作用的预测能力得到了显著提升。科学家可以利用这些技术，分析大量的医学文献、临床试验数据及患者用药后的反馈数据，挖掘出药物与副作用之间的潜在关联。

具体来说，通过深度学习算法，可以训练出能够识别药物分子结构和化学特性的模型，进而预测它们可能引发的副作用。同时，自然语言处理技术可以自动从医学文献中提取有关药物副作用的描述，帮助科学家更全面地了解药物的安全性问题。

此外，人工智能还可以对多源数据进行整合和分析，发现药物之间的相互作用可能导致的副作用。这种跨药物的副作用预测能力，对于指导临床用药、避免潜在风险具有重要意义。

综上所述，人工智能在药物副作用预测方面的应用，有助于提前发现潜在的安全性问题，减少临床试验的风险，提高药物研发的成功率。随着技术的不断进步和数据的不断积累，相信未来人工智能在药物安全性评价中将发挥更加重要的作用。

三、基于大数据的个性化医疗方案制定

随着医疗技术的不断发展和医疗数据的快速增长，个性化医疗已经成为现代医疗领域的一个重要趋势。个性化医疗强调针对每个患者的具体情况，制定个性化的治疗方案，以提高治疗效果和患者的生活质量。而大数据技术的应用，为个性化医疗方案的制定提供了强大的支持和可能。

（一）大数据在个性化医疗方案制定中的应用

大数据技术的应用，使得医疗领域的数据获取、存储和分析能力得到了极大提升。在个性化医疗方案制定方面，大数据的应用主要体现在以下几个方面。

首先，大数据可以帮助医疗机构收集和分析患者的各类医疗数据，包括病历、检查结果、基因信息、生活习惯等。通过对这些数据的综合分析，医生可以更加准确地了解患者的病情和身体状况，为制定个性化的治疗方案提供依据。

其次，大数据可以应用于药物研发和临床试验阶段。通过对大量患者的用药数据进行分析，科学家可以发现药物对不同患者的疗效和副作用差异，从而为制定个性化的用药方案提供依据。

最后，大数据还可以应用于医疗资源的优化配置。通过对医疗资源的使用情况进行分析，医疗机构可以更加合理地分配资源，提高医疗服务的效率和质量。

（二）个性化医疗方案制定的优势与挑战

个性化医疗方案的制定具有许多优势。首先，它可以根据患者的具体情况制定治疗方案，从而提高治疗的针对性和有效性。其次，个性化医疗可以减少不必要的医疗资源浪费，提高医疗服务的效率。此外，个性化医疗还可以提升患者的生活质量和满意度，增强医疗服务的人文关怀。

然而，个性化医疗方案的制定也面临着一些挑战。首先，医疗数据的获取和整合存在一定的难度。不同医疗机构之间的数据标准和格式可能存在差异，导致数据难以

共享和整合。其次，医疗数据的隐私保护问题也需要引起足够的重视。在收集和使用患者数据的过程中，必须确保患者的隐私得到充分保护。此外，个性化医疗方案的制定还需要依赖专业的医疗团队和技术支持，对医疗机构和医生的专业素养和技术水平提出了更高的要求。

（三）推动个性化医疗方案制定的策略与措施

为了推动个性化医疗方案的制定，我们需要采取一系列的策略和措施。首先，加强医疗数据的标准化和共享机制建设。通过制定统一的数据标准和规范，促进不同医疗机构之间的数据共享和整合，为个性化医疗方案的制定提供数据支持。

其次，加强医疗数据的安全和隐私保护。建立健全的医疗数据管理和保护制度，采用先进的数据加密和匿名化技术，确保患者数据的安全和隐私。

此外，还需要加强医疗人才的培养和引进。通过培训和教育提高医生的专业素养和技术水平，使他们能够更好地理解和应用大数据技术来制定个性化医疗方案。同时，积极引进具有相关背景和经验的医疗人才，为个性化医疗的发展提供有力的人才保障。

最后，加强政策支持和资金投入。政府应出台相关政策，鼓励和支持医疗机构和科研单位开展个性化医疗的研究和应用。同时，加大对个性化医疗领域的资金投入，推动相关技术和产业的发展。

总之，基于大数据的个性化医疗方案制定是现代医疗领域的一个重要趋势。通过充分利用大数据技术，我们可以更加准确地了解患者的病情和身体状况，制定个性化的治疗方案，提高治疗效果和患者的生活质量。然而，在推动个性化医疗发展过程中，我们也需要关注数据获取、隐私保护、人才培养和政策支持等方面的问题，确保个性化医疗的健康发展。

第三节　人工智能与大数据在生物科学中的应用

一、基因组学中的数据分析与挖掘

基因组学作为生物学的一个重要分支，主要研究生物体基因组的组成、结构、功能及其与表型之间的关系。随着高通量测序技术的快速发展，大量的基因组数据得以产生，为基因组学的研究提供了丰富的资源。然而，如何从这些数据中挖掘出有价值的信息，成为基因组学研究的关键问题。数据分析与挖掘技术在基因组学中的应用，为我们提供了解决这一问题的有力工具。

（一）基因组数据的预处理与质量控制

基因组数据的预处理与质量控制是数据分析与挖掘的首要步骤。高通量测序技术产生的原始数据往往包含大量的噪声和误差，需要进行一系列的处理以去除这些干扰因素。预处理过程包括数据清洗、序列比对、变异检测等步骤，旨在将原始数据转化为可用于后续分析的标准化数据。同时，质量控制也是不可或缺的一环，通过评估数据的准确性和可靠性，确保后续分析的准确性和可靠性。

在预处理过程中，科研人员通常会利用专门的生物信息学工具和算法，如序列比对软件、变异检测算法等，对原始数据进行处理和分析。这些工具和算法的不断发展和优化，使得基因组数据的预处理和质量控制变得更加高效和准确。

（二）基因组数据的整合与比较

基因组学研究中，往往需要整合不同来源、不同平台的数据，以便更全面地了解基因组的特征和功能。数据的整合涉及多个层面，包括基因序列、表达谱、互作网络等。通过整合这些数据，科研人员可以获得更全面的基因组信息，进而揭示基因与表型之间的复杂关系。

此外，比较基因组学也是基因组学研究的一个重要方向。通过对不同物种、不同个体或不同条件下的基因组数据进行比较，可以发现基因组的变异和进化规律，揭示基因与表型之间的关联。在比较基因组学研究中，数据分析与挖掘技术发挥着至关重要的作用，能够帮助科研人员快速准确地识别出基因组间的差异和共性。

（三）基因组数据的深度挖掘与解读

基因组数据的深度挖掘与解读是数据分析与挖掘在基因组学中的最高层次应用。通过对基因组数据进行深入的统计分析、模式识别和机器学习等，科研人员可以挖掘出隐藏在数据中的规律和模式，进而揭示基因的功能和调控机制。

例如，科研人员可以利用基因表达谱数据，通过聚类分析、差异表达分析等方法，识别出与特定表型相关的基因集合。同时，结合基因组注释信息和功能预测算法，可以对这些基因进行功能注释和分类，进一步揭示它们在生物体中的作用和机制。

此外，随着人工智能技术的发展，机器学习算法在基因组数据的深度挖掘中也发挥着越来越重要的作用。通过训练机器学习模型，科研人员可以对基因组数据进行自动分类、预测和模式识别，提高数据分析的效率和准确性。

然而，基因组数据的深度挖掘与解读也面临着一些挑战。首先，基因组数据往往具有高维度、高噪声、高复杂性等特点，使得数据的分析和解读变得困难。其次，基因组数据的解释和验证也是一个复杂的过程，需要综合考虑多种因素，如数据的可靠性、实验的重复性、生物学的复杂性等。因此，在进行基因组数据的深度挖掘与解读时，科研人员需要谨慎对待结果，结合实验验证和生物学知识进行综合分析和判断。

综上所述，基因组学中的数据分析与挖掘是一个复杂而重要的过程。通过预处理与质量控制、整合与比较，以及深度挖掘与解读等步骤，科研人员可以从海量的基因组数据中挖掘出有价值的信息，为基因组学的研究提供有力的支持。随着技术的不断进步和方法的不断完善，相信未来基因组学中的数据分析与挖掘将会取得更加显著的成果。

二、生物信息学中的模式识别与预测

生物信息学作为一门交叉学科，结合了生物学、计算机科学和统计学等多个领域的知识，旨在利用计算机技术和数学方法对生物数据进行处理和分析，从而揭示生物体系的内在规律和机制。在生物信息学中，模式识别与预测是一项至关重要的任务，它能够帮助研究人员从海量的生物数据中提取出有用的信息，进而预测生物体系的行为和性质。

（一）模式识别在生物信息学中的应用

模式识别是生物信息学中的一个核心技术，它主要通过对生物数据进行特征提取和分类，以发现隐藏在数据中的模式和规律。在基因组学中，模式识别技术被广泛应用于基因表达谱分析、基因调控网络构建等方面。通过对基因表达数据进行聚类分析和差异表达分析，可以识别出具有相似表达模式的基因集合，进而揭示它们在生物信息学中的功能和作用。此外，模式识别技术还可以用于蛋白质结构预测和功能注释，通过对蛋白质序列进行特征提取和分类，可以预测其三维结构和生物功能。

在模式识别的过程中，特征提取是至关重要的一步。特征提取的目的是从原始数据中提取出对分类或预测有用的信息，将其转化为特征向量或特征矩阵。在生物信息学中，常用的特征提取方法包括基于序列的特征提取、基于结构的特征提取和基于功能的特征提取等。这些方法可以根据不同的生物数据类型和研究目的进行选择和应用。

（二）预测模型在生物信息学中的应用

预测模型是生物信息学中的另一个重要工具，它基于已有的生物数据和知识，构建数学模型以预测未知的生物现象和性质。在基因组学中，预测模型被广泛应用于疾病风险评估、药物靶点预测和基因编辑效果预测等方面。通过对个体的基因组数据进行分析和建模，可以预测其患病的风险和药物反应情况，为个性化医疗提供有力支持。此外，预测模型还可以用于预测基因编辑技术的效果和潜在风险，为基因治疗提供决策依据。

预测模型的构建需要综合考虑多种因素，包括数据的来源和质量、模型的复杂度和稳定性、预测的准确性和可靠性等。在生物信息学中，常用的预测模型包括机器学习模型、统计模型和生物网络模型等，这些模型可以根据不同的应用场景和需求进行选择和优化。

机器学习模型是生物信息学中应用最广泛的预测模型之一。通过对大量生物数据进行学习和训练，机器学习模型可以自动提取数据的特征并构建预测模型。常见的机器学习算法包括支持向量机、决策树、神经网络等。这些算法可以根据数据的特性和研究目的进行选择和调整，以获得最佳的预测效果。

统计模型也是生物信息学中常用的预测方法之一。它基于统计学原理和概率论方法，对生物数据进行建模和预测。常见的统计模型包括回归分析、主成分分析、聚类分析等。这些模型可以帮助研究人员从复杂的生物数据中提取出有用的信息，并对其进行定量分析和预测。

生物网络模型则侧重于描述生物体系中各组分之间的相互作用和关系。通过对生物网络进行建模和分析，可以预测生物体系的行为和性质。例如，在蛋白质相互作用网络中，可以利用网络模型预测蛋白质的功能和互作关系；在基因调控网络中，可以利用网络模型预测基因的表达模式和调控机制。

（三）模式识别与预测的挑战和展望

尽管模式识别与预测在生物信息学中取得了显著进展，但仍面临着一些挑战。首先，生物数据的复杂性和噪声性使得模式识别和预测的准确性受到限制。为了解决这个问题，需要开发更加先进的数据预处理和特征提取方法，以提高数据的质量和可用性。其次，生物体系的多样性和动态性使得预测模型的构建变得复杂和困难。为了应对这个挑战，需要综合考虑多种因素和变量，构建更加全面和准确的预测模型。此外，还需要加强对生物数据的解释和验证，以确保预测结果的可靠性和有效性。

展望未来，随着生物技术的不断发展和计算机技术的不断进步，模式识别与预测在生物信息学中的应用将会更加广泛和深入。一方面，随着高通量测序技术和单细胞测序技术的发展，我们将会获得更加全面和精细的生物数据，为模式识别和预测提供更加丰富的信息来源。另一方面，随着人工智能和机器学习技术的不断发展，我们将会开发出更加智能和高效的算法和模型，以应对生物数据的复杂性和多样性。相信在不久的将来，模式识别与预测将会在生物信息学中发挥更加重要的作用，为生命科学的研究和应用提供更加有力的支持。

三、AI 在生态系统保护与生物多样性研究中的应用

随着全球气候变化和人类活动的不断加剧，生态系统保护与生物多样性研究成为全球关注的热点问题。人工智能技术（AI）的快速发展为生态系统保护与生物多样性研究提供了新的手段和方法。下面将从三个方面探讨 AI 在生态系统保护与生物多样性研究中的应用。

（一）AI 在生态系统监测与评估中的应用

生态系统监测与评估是生态系统保护与生物多样性研究的基础工作。传统的监测方法往往依赖人工调查和实地观测，存在耗时耗力、覆盖范围有限等问题。而 AI 技术的应用可以极大地提高监测的效率和准确性。

首先，AI 可以通过遥感技术实现对生态系统的快速监测。利用卫星遥感数据，结合机器学习算法，可以对生态系统的空间分布、植被覆盖、土地利用等进行自动化识别和分类。这种方法不仅可以覆盖更广泛的区域，还可以实时监测生态系统的变化，为生态保护提供及时的数据支持。

其次，AI 可以用于生态系统健康状况的评估。通过构建生态系统健康评价模型，

结合 AI 的算法，可以对生态系统的结构、功能和稳定性进行定量评估。这有助于及时发现生态系统存在的问题和风险，为生态保护措施的制定提供科学依据。

（二）AI 在生物多样性保护与物种识别中的应用

生物多样性是生态系统的重要组成部分，保护生物多样性对于维护生态平衡和人类福祉具有重要意义。AI 在生物多样性保护与物种识别中发挥着重要作用。

一方面，AI 可以帮助研究人员快速准确地识别物种。传统的物种识别方法往往依赖专家的经验和知识，存在主观性和局限性。而利用 AI 的图像识别和深度学习技术，可以对物种的形态特征进行自动化提取和分类，提高识别的准确性和效率。这对于生物多样性调查、濒危物种保护等工作具有重要意义。

另一方面，AI 还可以用于物种分布和迁徙的预测。通过分析物种的历史分布数据、环境因素等，结合 AI 的预测模型，可以预测物种未来的分布范围和迁徙路径。这有助于制定合理的生态保护策略，保护物种的栖息地和迁徙通道。

（三）AI 在生态系统管理与决策支持中的应用

生态系统管理是一项复杂的任务，需要综合考虑生态、经济、社会等多个方面的因素。AI 可以为生态系统管理提供决策支持，帮助管理者制定科学合理的管理措施。

首先，AI 可以用于生态系统服务价值的评估。通过构建生态系统服务评价模型，结合 AI 的算法，可以对生态系统提供的各种服务（如水源涵养、土壤保持、气候调节等）进行定量评估。这有助于管理者了解生态系统的价值和功能，制定合理的生态保护政策。

其次，AI 可以用于生态风险评估和预警。通过分析生态系统的结构和功能，结合 AI 的预测模型，可以预测生态系统可能面临的风险和威胁。这有助于管理者及时发现潜在问题，制定应对措施，防止生态系统遭受破坏。

此外，AI 还可以用于生态修复方案的优化。通过模拟不同修复方案对生态系统的影响，结合 AI 的优化算法，可以找出最佳的修复方案。这有助于提高生态修复的效果和效率，促进生态系统的恢复和重建。

然而，尽管 AI 在生态系统保护与生物多样性研究中具有广阔的应用前景，但也存在一些挑战和限制。首先，AI 技术的应用需要大量的数据和算力支持，这对于一些资源有限的地区和研究机构来说可能是一个难题。其次，AI 算法的准确性和可靠性需要不断验证和优化，以确保其在生态保护中的应用效果。此外，AI 技术的伦理和隐私问题也需要引起足够的重视和关注。

综上所述，AI 在生态系统保护与生物多样性研究中发挥着重要作用。通过监测与评估、保护与物种识别及管理与决策支持等方面的应用，AI 为生态保护提供了有力支持。然而，也需要克服数据、算法和伦理等方面的挑战，以推动 AI 在生态系统保护与生物多样性研究中的更广泛应用和发展。未来随着技术的不断进步和创新，相信 AI 将在生态保护领域发挥更大的作用，为构建人与自然和谐共生的美好未来贡献力量。

第四节　人工智能与大数据在地球科学中的应用

地球科学是研究地球及其各种自然现象和过程的科学，包括气候、地质、环境等多个领域。随着人工智能（AI）和大数据技术的快速发展，它们在地球科学中的应用越来越广泛，为地球科学研究提供了新的方法和手段。

一、气候变化分析与预测

气候变化是全球关注的热点问题，对人类社会和自然环境产生深远影响。AI 与大数据技术的应用，为气候变化的分析与预测提供了强有力的支持。

（一）大数据在气候变化研究中的应用

大数据技术的发展使得我们可以获取和处理海量的气候数据。通过收集全球范围内的气象观测数据、卫星遥感数据等，我们可以对气候变化进行全面、系统的分析。利用大数据分析技术，可以挖掘出气候数据中的潜在规律和模式，进而揭示气候变化的趋势和特征。

例如，通过对历史气候数据的分析，我们可以发现全球温度上升、极端气候事件增多等变化趋势。这些分析结果对于制定应对气候变化的政策和措施具有重要意义。

（二）AI 在气候预测模型中的应用

传统的气候预测模型往往基于物理方程和数值计算方法，计算量大且精度有限。而 AI 技术的应用可以显著提高气候预测的准确性和效率。

利用机器学习算法，我们可以构建基于数据驱动的气候预测模型。这些模型通过学习历史气候数据中的规律和模式，可以自动预测未来的气候变化趋势。与传统的物理模型相比，基于 AI 的气候预测模型具有更高的预测精度和更强的适应性。

此外，深度学习算法在气候预测中也发挥着重要作用。通过构建深层次的神经网络模型，我们可以更好地捕捉气候数据中的复杂关系和特征，提高预测的准确性和可靠性。

（三）AI 与大数据在气候政策制定中的应用

AI 与大数据技术的应用不仅可以用于气候变化的分析和预测，还可以为气候政策的制定提供科学依据。

通过对气候数据的分析和挖掘，我们可以评估不同气候政策的效果和潜在影响。利用 AI 算法，我们可以模拟不同政策情景下的气候变化趋势，为政策制定者提供决策支持。

此外，AI 技术还可以用于监测和评估气候政策的执行情况。通过对实时气候数据的分析和处理，我们可以及时发现政策执行中的问题和不足，为政策调整和优化提供依据。

二、地质勘探与资源评估中的大数据应用

地质勘探和资源评估是地球科学领域的重要工作，对于能源和矿产资源的开发利用具有重要意义。大数据技术的应用为地质勘探和资源评估提供了新的方法和手段。

（一）大数据在地质勘探中的应用

地质勘探涉及大量的地理空间数据和地质信息。通过收集和整合这些数据，我们可以利用大数据技术进行数据挖掘和分析，揭示地质结构和矿产资源的分布规律。

例如，利用大数据分析技术，我们可以对地震数据进行处理和分析，提取出地震波在地下的传播特征，进而推断出地下岩层的结构和性质。这对于寻找油气资源和矿产资源具有重要意义。

此外，通过结合遥感数据和地质数据，我们可以进行地质填图和地质构造分析，为地质勘探提供准确的地质背景信息。

（二）大数据在资源评估中的应用

资源评估是对矿产资源储量和开发潜力的评估，是矿产资源开发利用的重要依据。大数据技术的应用可以提高资源评估的准确性和效率。

通过收集和整合各种地质、地球物理、地球化学等数据，我们可以利用大数据技术进行数据分析和建模，对矿产资源的储量和分布进行定量评估。这有助于确定矿产资源的开发潜力和经济价值，为矿产资源的开发利用提供科学依据。

同时，大数据技术还可以用于监测矿产资源的开采过程和效果。通过对开采数据的实时监测和分析，我们可以及时发现开采过程中的问题和不足，为优化开采方案和提高开采效率提供依据。

（三）大数据在地质灾害预警中的应用

地质灾害是地球科学领域的重要研究内容之一。大数据技术的应用可以提高地质灾害预警的准确性和及时性。

通过对地质、气象、水文等多源数据的实时监测和分析，我们可以利用大数据技术进行地质灾害的预警和预测。例如，通过对地震活动、降雨量、地质结构等数据的分析，我们可以预测滑坡、泥石流等地质灾害的发生概率和可能的影响范围。这有助于及时采取应对措施，减少地质灾害对人类社会和自然环境的影响。

三、AI 在环境监测与污染治理中的应用

环境监测与污染治理是保护生态环境、维护人类健康的关键环节。AI 技术的应用为环境监测与污染治理提供了新的解决方案，显著提高了环境治理的效率和精度。

（一）AI 在环境监测中的应用

环境监测涉及大气、水体、土壤等多个方面，需要收集和处理大量的环境数据。AI 技术的应用可以自动化、智能化地完成环境监测任务。

首先，AI 技术可以用于环境数据的自动采集和处理。通过部署智能传感器和无人机等设备，可以实时收集环境数据，并利用 AI 算法对数据进行清洗、分析和可视化展示。这不仅可以减少人工操作的成本和误差，还可以提高监测的实时性和准确性。

其次，AI 技术可以用于环境质量的预测和评估。通过对历史环境数据的分析，AI 算法可以建立预测模型，预测未来环境质量的变化趋势。同时，AI 还可以对环境质量进行评估，为政策制定者提供科学依据。

（二）AI 在污染治理中的应用

污染治理是改善环境质量、保护生态系统的重要手段。AI 技术的应用可以优化污染治理方案，提高治理效果。

一方面，AI 可以用于污染源识别和定位。通过对环境数据的分析和挖掘，AI 算法可以识别出污染源的位置和类型，为污染治理提供精确的目标。

另一方面，AI 可以用于污染治理方案的优化。基于 AI 的智能算法可以对不同治理方案进行模拟和比较，找出最优的治理方案。这不仅可以提高治理效果，还可以降低治理成本。

此外，AI 还可以用于污染预警和应急响应。通过对环境数据的实时监测和分析，AI 可以及时发现污染事件并发出预警，为应急响应提供及时的信息支持。

（三）AI 在环境管理与决策支持中的应用

环境管理与决策涉及多个部门和利益相关者，需要综合考虑经济、社会和环境等多个因素。AI 技术的应用可以为环境管理与决策提供科学支持。

首先，AI 可以用于环境政策的制定和评估。通过对政策实施前后的环境数据进行对比分析，AI 可以评估政策的效果和潜在影响，为政策制定者提供决策依据。

其次，AI 可以用于环境风险评估和预警。基于 AI 的预测模型可以对环境风险进行预测和评估，为风险防控提供科学依据。

此外，AI 还可以用于环境信息的共享和交流。通过建立环境信息共享平台，利用 AI 技术进行信息整合和分析，可以促进不同部门和利益相关者之间的合作与交流，推动环境治理工作的顺利开展。

综上所述，AI 与大数据在地球科学中的应用广泛而深入，为气候变化分析与预测、地质勘探与资源评估，以及环境监测与污染治理等领域提供了强大的技术支持。随着技术的不断进步和创新，相信 AI 与大数据将在地球科学领域发挥更加重要的作用，为构建美丽中国、实现可持续发展目标贡献力量。

第五节　人工智能与大数据在工程科学中的应用

一、材料科学中的数据分析与模拟

材料科学是一门研究材料结构、性质、制备、性能及应用的学科，是现代科学技术发展的重要支柱之一。随着大数据和计算机技术的飞速发展，数据分析与模拟在材料科学研究中的应用越来越广泛，为材料的创新设计和性能优化提供了有力支持。

（一）数据分析在材料科学中的应用

数据分析是通过统计学、数据挖掘等技术手段对收集到的数据进行分析，提取有用信息并揭示其内在规律。在材料科学中，数据分析的应用主要体现在以下几个方面。

首先，数据分析可以帮助研究人员深入理解材料的微观结构和性能之间的关系。通过对实验数据的分析和处理，可以揭示材料内部的原子排列、缺陷分布、相变过程等微观信息，进而预测材料的宏观性能。

其次，数据分析还可以用于优化材料的制备工艺。在材料制备过程中，各种工艺参数（如温度、压力、时间等）对材料的性能有着重要影响。通过对工艺参数与材料性能之间的数据进行分析，可以找到最佳的工艺条件，提高材料的制备效率和性能。

此外，数据分析在材料性能评估方面也具有重要作用。通过对不同材料性能数据的对比和分析，可以评估材料的优劣，为材料选择和应用提供依据。

（二）模拟技术在材料科学中的应用

模拟技术是通过建立数学模型和计算机程序来模拟材料的行为和性能。在材料科学中，模拟技术的应用可以帮助研究人员预测材料的性能、优化材料设计并减少实验成本。

首先，模拟技术可以用于预测材料的性能。通过建立材料的物理和化学模型，利用计算机进行模拟计算，可以预测材料在不同条件下的力学、电学、磁学等性能，为材料的应用提供理论支持。

其次，模拟技术还可以用于优化材料设计。通过模拟不同材料组成和结构对性能的影响，可以找到性能最优的材料设计方案。这不仅可以减少实验次数和成本，还可以加快新材料的研发速度。

此外，模拟技术在材料科学研究中还具有一些特殊的应用。例如，在纳米材料研究中，模拟技术可以揭示纳米尺度下材料的特殊性质和现象；在复合材料研究中，模拟技术可以预测不同组分之间的相互作用和性能协同效应等。

（三）数据分析与模拟在材料科学中的结合应用

数据分析与模拟在材料科学中的结合应用可以实现优势互补，提高研究的效率和准确性。一方面，数据分析可以为模拟提供可靠的实验数据和参数支持，使模拟结果更加接近实际情况；另一方面，模拟可以为数据分析提供理论指导和预测能力，使数据分析结果更具深度和广度。

在实际应用中，研究人员可以通过以下方式将数据分析与模拟相结合：首先，利用数据分析技术对实验数据进行预处理和分析，提取出关键信息和规律；然后，根据这些信息建立合适的数学模型和模拟方法；最后，通过模拟计算预测材料的性能和行为，并与实验结果进行对比验证。

需要注意的是，数据分析与模拟在材料科学中的应用仍面临一些挑战和限制。例如，对于复杂材料和系统的模拟仍需要进一步提高精度和效率；同时，数据分析和模拟方法的选择也需要根据具体研究问题和实验条件进行灵活调整和优化。

综上所述，数据分析与模拟在材料科学中发挥着重要作用，为材料的创新设计和性能优化提供了有力支持。随着技术的不断进步和应用领域的拓展，相信数据分析与模拟将在材料科学中发挥更加重要的作用，推动材料科学的持续发展。

二、工程设计中的优化算法与智能决策

在工程设计领域，优化算法与智能决策的应用日益广泛，它们不仅提高了设计的效率和准确性，还为解决复杂工程问题提供了新的思路和方法。下面将从优化算法在工程设计中的应用、智能决策在工程设计中的作用及两者结合的实际案例三个方面进行探讨。

（一）优化算法在工程设计中的应用

优化算法是一种通过数学方法寻找最优解的技术，在工程设计领域得到广泛应用。在产品设计阶段，优化算法可以帮助工程师找到满足性能要求且成本最低的设计方案。例如，在机械设计中，通过优化算法可以优化零件的几何形状、尺寸和材料选择，以提高产品的性能和可靠性。在结构设计中，优化算法可以优化结构的布局和截面尺寸，以降低结构的重量和成本。

此外，优化算法还可以应用于工程系统的优化设计中。例如，在电力系统设计中，优化算法可以优化发电机的配置和调度策略，以提高系统的运行效率和稳定性。在交通系统设计中，优化算法可以优化交通网络的布局和交通流量的分配，以缓解交通拥堵和提高运输效率。

（二）智能决策在工程设计中的作用

智能决策是指利用人工智能技术进行决策分析和辅助决策的方法。在工程设计领

域，智能决策的应用可以帮助工程师更好地应对复杂多变的设计问题。

首先，智能决策可以通过数据分析和挖掘，发现设计数据中的潜在规律和关联，为工程师提供有价值的决策支持。例如，通过对历史设计数据的分析，智能决策系统可以预测新设计方案的性能和成本，为工程师提供决策参考。

其次，智能决策可以利用机器学习算法进行模式识别和分类，帮助工程师识别和解决设计中的关键问题。例如，在故障诊断中，智能决策系统可以通过学习故障数据的特征，自动识别和定位故障源，为工程师提供及时的维修和解决方案。

此外，智能决策还可以利用专家系统和知识推理技术，集成领域专家的知识和经验，为工程师提供智能化的决策建议。这种基于专家知识的决策支持可以帮助工程师避免一些常见的设计错误，提高设计的准确性和可靠性。

（三）优化算法与智能决策在工程设计中的结合应用

优化算法和智能决策在工程设计中的结合应用可以进一步提高设计的效率和质量。一方面，优化算法可以为智能决策提供优化目标和约束条件，使得决策过程更加科学化和精准化。另一方面，智能决策可以通过数据分析和知识推理为优化算法提供初始解或启发式信息，加速优化过程并找到更好的解。

例如，在产品设计过程中，智能决策系统可以通过数据分析挖掘出用户需求和偏好信息，为优化算法提供设计目标和约束条件。然后，优化算法可以在满足这些条件的前提下，搜索出满足性能要求且成本最低的设计方案。通过这种方式，设计师可以更加精准地把握用户需求和市场趋势，提高产品的竞争力和市场占有率。

此外，优化算法和智能决策的结合还可以应用于复杂工程系统的设计和优化中。例如，在智慧城市建设中，智能决策系统可以分析城市交通、能源、环境等多方面的数据，提出城市发展的优化目标和策略。然后，优化算法可以在这些目标和策略的指导下，对城市的交通网络、能源系统、环保设施等进行优化设计和配置，以实现城市的可持续发展和高效运营。

综上所述，优化算法与智能决策在工程设计中发挥着重要作用。它们不仅提高了设计的效率和质量，还为解决复杂工程问题提供了新的思路和方法。随着人工智能技术的不断发展和完善，相信优化算法与智能决策在工程设计中的应用将会更加广泛和深入，为工程设计的创新和发展注入新的活力。

三、AI 在能源开发与利用中的应用探索

随着全球能源需求的不断增长和环境问题的日益严重，能源开发与利用的高效性、可持续性和安全性已成为关注的焦点。人工智能（AI）作为一种强大的技术手段，其在能源领域的应用日益广泛，为能源行业的创新与发展提供了有力支持。下面将从能源勘探与开发、能源生产与管理及能源消费与利用三个方面，探讨 AI 在能源开发与利用中的应用探索。

（一）AI 在能源勘探与开发中的应用

能源勘探与开发是能源行业的基石，而 AI 技术的应用为这一领域带来了革命性的变革。首先，AI 可以通过大数据分析和机器学习算法，对地质数据进行深度挖掘和处理，提高勘探的准确性和效率。通过对地震数据、测井数据等多源信息的融合分析，AI 可以帮助勘探人员更准确地识别出油气藏的分布和规模，降低勘探风险。

其次，AI 还可以应用于钻井过程中的智能决策。通过实时监测钻井过程中的各种参数，如井深、井温、井压等，AI 可以对数据进行实时分析和处理，预测可能出现的风险和问题，并给出相应的解决方案。这不仅可以提高钻井作业的安全性和可靠性，还可以降低作业成本和时间。

此外，AI 还可以用于优化能源开发方案。通过对不同开发方案的模拟和评估，AI 可以找到最优的开发策略，实现能源的最大化利用和经济效益的最大化。

（二）AI 在能源生产与管理中的应用

能源生产与管理是确保能源供应稳定和高效的关键环节。AI 技术的应用可以在这一环节发挥重要作用。首先，AI 可以通过对能源生产设备的实时监测和数据分析，预测设备的运行状态和故障风险，实现预防性维护和故障预警。这不仅可以提高设备的运行效率和可靠性，还可以降低维修成本和时间。

其次，AI 还可以应用于能源生产的智能调度和优化。通过对能源生产过程中的各种参数进行实时监测和分析，AI 可以根据实际需求和市场变化，智能调整生产计划和调度策略，实现能源的最大化利用和经济效益的最优化。

此外，AI 还可以用于能源市场的分析和预测。通过对历史数据和市场趋势的分析，AI 可以预测能源价格的走势和需求变化，为能源企业的决策提供有力支持。

（三）AI 在能源消费与利用中的应用

能源消费与利用是能源开发与利用的最终环节，也是实现能源高效利用和节能减排的关键。AI 技术的应用可以在这一环节中发挥重要作用。首先，AI 可以通过对能源消费数据的实时监测和分析，帮助用户了解自己的能源消费习惯和结构，提供个性化的节能建议和方案。这不仅可以降低用户的能源消费成本，还可以促进节能减排和可持续发展。

其次，AI 可以应用于智能电网的建设和管理。通过对电网运行数据的实时监测和分析，AI 可以预测电网的负荷变化和故障风险，实现智能调度和故障预警。这不仅可以提高电网的供电可靠性和稳定性，还可以降低运维成本和时间。

此外，AI 还可以用于新能源的开发和利用。通过对新能源发电设备的优化和智能控制，AI 可以提高新能源的发电效率和稳定性，促进新能源的广泛应用和普及。

综上所述，AI 在能源开发与利用中的应用探索具有广阔的前景和巨大的潜力。随着技术的不断进步和应用领域的不断拓展，相信 AI 将为能源行业的创新与发展注入新的活力和动力。同时，我们也需要关注到 AI 在能源领域应用中可能存在的挑战和问题，如数据安全和隐私保护等，并积极寻求解决方案和对策，以实现 AI 在能源领域的可持续发展和广泛应用。

第八章

人工智能与大数据在智慧城市建设中的应用和实践

第一节　智慧城市概念与发展趋势

一、智慧城市的定义与特征

随着信息技术的飞速发展，智慧城市已成为现代城市发展的重要方向。智慧城市，顾名思义，是借助先进的信息技术手段，实现城市各领域的智能化管理和服务，提升城市的可持续发展能力和居民的生活品质。下面，我们将从定义和特征两个方面，对智慧城市进行深入探讨。

（一）智慧城市的定义

智慧城市，是指通过综合运用物联网、云计算、大数据、空间地理信息集成等新一代信息技术，促进城市规划、建设、管理和服务智慧化的新模式和新形态。它强调信息技术与城市发展的深度融合，以信息化驱动城市化，实现城市的智能化、绿色化和可持续发展。

具体来说，智慧城市包括以下几个方面的内涵。

信息基础设施的完善：构建高速、泛在、智能的信息通信网络，实现城市各领域的信息化覆盖。

数据资源的整合共享：建立城市大数据中心，实现政府、企业、社会等各方数据的互联互通和共享利用。

智能化管理与服务：运用信息技术手段，提升城市管理效率和服务水平，满足居民多元化、个性化的需求。

创新驱动发展：鼓励技术创新和模式创新，推动城市经济转型升级和可持续发展。

（二）智慧城市的特征

智慧城市作为信息化与城市化的高度融合体，具有以下几个显著特征。

全面感知：通过物联网等技术手段，实现对城市基础设施、环境、交通等各方面的实时监测和感知，为城市管理提供数据支持。

互联互通：智慧城市的信息网络覆盖广泛，各部门、各系统之间的数据实现互联互通，打破信息孤岛，提高信息资源的利用效率。

协同共享：政府、企业、社会等各方共同参与智慧城市的建设和运营，实现资源的协同共享和优化配置。

智能决策：借助大数据分析和人工智能等技术，为城市管理者提供科学、精准的决策支持，提高城市管理的智能化水平。

惠民便民：智慧城市注重提升居民的生活品质，通过智能化服务满足居民多元化、个性化需求，提高城市的宜居性和幸福感。

（三）智慧城市的发展意义

智慧城市的发展对于推动城市化进程、提升城市品质和居民生活具有重要意义。具体来说，智慧城市的发展意义主要体现在以下几个方面。

提升城市管理效率：通过信息化手段，实现对城市各领域的精准管理和高效服务，提高城市管理效率和服务水平。

促进经济转型升级：智慧城市的建设有助于推动城市产业的创新发展和转型升级，提高城市的竞争力和可持续发展能力。

改善居民生活质量：智慧城市通过提供便捷、高效的智能化服务，满足居民多元化、个性化的需求，提高居民的生活品质和幸福感。

推动社会和谐进步：智慧城市的建设有助于促进政府、企业、社会等各方之间的协同合作和共享发展，推动社会和谐进步。

综上所述，智慧城市是信息化与城市化的深度融合体，具有全面感知、互联互通、协同共享、智能决策和惠民便民等特征。智慧城市的发展对于推动城市化进程、提升城市品质和居民生活具有重要意义。未来，随着信息技术的不断创新和应用，智慧城市将在全球范围内得到更广泛地推广和应用，为城市的可持续发展和居民的美好生活贡献力量。

然而，智慧城市的建设也面临一些挑战和问题。例如，如何确保信息安全和隐私保护、如何平衡技术创新和城市管理的关系、如何推动各方共同参与智慧城市建设等。因此，在智慧城市的建设过程中，需要政府、企业和社会各方共同努力，加强合作与沟通，克服各种困难和挑战，推动智慧城市的健康发展。同时，还需要加强相关法规和政策的制定和实施，为智慧城市的建设提供有力的制度保障和支持。

此外，随着新技术的不断涌现和应用，智慧城市的发展也将不断呈现出新的特点和趋势。例如，人工智能、物联网、区块链等新技术将进一步推动智慧城市的智能化和自动化水平；云计算、大数据等技术将进一步促进城市数据的整合和共享利用；共享经济、智慧城市等新模式将进一步推动城市经济的创新发展和转型升级。因此，我们需要密切关注新技术和新模式的发展动态，及时调整和完善智慧城市的建设策略和措施，以应对未来的挑战和机遇。

总之，智慧城市是城市发展的重要方向之一，具有广阔的前景和巨大的潜力。我们需要积极推动智慧城市的建设和发展，加强技术创新和模式创新，提升城市管理的智能化水平和服务质量，为城市的可持续发展和居民的美好生活贡献智慧和力量。

二、全球智慧城市的发展现状与趋势

随着信息技术的迅猛发展和城市化进程的加速推进，全球智慧城市建设已经成为推动城市转型升级、提升城市竞争力的关键举措。在这一背景下，各国纷纷加大投入，积极探索智慧城市建设的新路径，推动全球智慧城市发展呈现出蓬勃的生机和活力。

（一）全球智慧城市的发展现状

目前，全球智慧城市的发展呈现出以下几个特点。

首先，发达国家在智慧城市建设方面处于领先地位。美国、欧洲和日本等发达国家凭借先进的信息技术和雄厚的经济实力，在智慧城市建设方面取得了显著成效。这些国家的智慧城市项目涵盖了交通、能源、环保、医疗等多个领域，有效提升了城市的智能化水平和居民的生活质量。

其次，发展中国家在智慧城市建设方面也在积极追赶。随着全球化和信息化的深入发展，越来越多的发展中国家开始认识到智慧城市建设的重要性，并加大投入力度。这些国家虽然起步较晚，但凭借后发优势和政策支持，正在迅速崛起，成为全球智慧城市建设的重要力量。

此外，跨界融合和跨界合作成为智慧城市建设的重要趋势。智慧城市涉及多个领域和多个行业，需要政府、企业和社会各方共同参与和协作。因此，跨界融合和跨界合作成为推动智慧城市建设的关键因素。各国纷纷加强政策引导和支持，推动不同领域、不同行业之间的合作与交流，共同推动智慧城市的创新发展。

（二）全球智慧城市的发展趋势

展望未来，全球智慧城市的发展将呈现出以下几个趋势。

首先，智能化和自动化将成为智慧城市建设的重要方向。随着人工智能、物联网等技术的不断发展，城市的智能化和自动化水平将不断提升。未来，智慧城市将更加注重数据分析和应用，通过数据挖掘和智能算法，实现对城市运行的精准感知和智能决策。

其次，绿色发展和可持续发展将成为智慧城市建设的重要目标。随着全球气候变化和环境问题的日益严重，绿色发展和可持续发展已经成为全球共识。未来，智慧城市将更加注重环保和节能，通过推广清洁能源、建设绿色交通等方式，实现城市的绿色转型。

同时，以人为本和居民参与将成为智慧城市建设的重要理念。智慧城市建设的最终目的是服务城市居民，提升居民的生活品质。因此，未来智慧城市将更加注重居民的需求和体验，通过提供个性化、便捷化的服务，满足居民多元化、个性化的需求。此外，居民参与也将成为智慧城市建设的重要组成部分，通过居民反馈和意见征集等方式，推动城市管理的民主化和科学化。

此外，跨国合作和国际交流将成为推动全球智慧城市发展的重要动力。随着全球化的深入发展，各国在智慧城市建设方面的合作与交流将日益频繁。通过分享经验、交流技术和开展合作项目等方式，各国可以共同推动全球智慧城市的发展，实现互利共赢。

（三）全球智慧城市发展的挑战与对策

然而，全球智慧城市的发展也面临一些挑战和问题。其中，数据安全与隐私保护、网络安全风险、技术标准与互操作性等问题尤为突出。为了解决这些问题，需要采取一系列对策和措施。

首先，加强数据安全与隐私保护是智慧城市建设的重要任务。随着大数据和人工智能技术的应用，城市运行数据的收集和使用日益频繁。因此，必须制定严格的数据管理和隐私保护政策，确保居民个人信息得到妥善保护，防止滥用和泄露。

其次，提升网络安全防护能力是智慧城市发展的重要保障。智慧城市涉及大量的信息传输和处理，网络安全风险不容忽视。因此，需要加强网络安全技术研发和应用，建立完善的网络安全防护体系，确保城市信息系统的稳定运行和数据安全。

此外，推动技术标准与互操作性的统一也是智慧城市建设的重要任务。不同国家和地区的智慧城市建设存在技术标准不一、系统互操作性差等问题。因此，需要加强国际交流与合作，推动技术标准的统一和互操作性的提升，为全球智慧城市的互联互通提供有力支持。

综上所述，全球智慧城市的发展呈现出蓬勃的生机和活力，但也面临一些挑战和问题。未来，各国需要继续加大投入力度，加强跨界融合和跨界合作，推动智慧城市建设的创新发展。同时，也需要关注数据安全与隐私保护、网络安全风险等问题，采取有效措施加以解决，为全球智慧城市的发展提供有力保障。

三、智慧城市建设的挑战与机遇

智慧城市作为未来城市发展的重要方向，其建设过程既面临着诸多挑战，也蕴含着丰富的机遇。正确认识和应对这些挑战与机遇，对于推动智慧城市的健康发展具有重要意义。

（一）智慧城市建设的挑战

智慧城市的建设涉及多个领域和多个部门，其复杂性决定了在建设过程中会面临诸多挑战。

首先，技术挑战是智慧城市建设的首要问题。智慧城市的建设依赖先进的信息技术，包括物联网、云计算、大数据等。然而，这些技术的快速发展和更新迭代给智慧城市建设带来了不小的挑战。一方面，需要不断跟进新技术的发展，确保智慧城市的技术基础始终保持在前沿水平；另一方面，还需要解决技术融合与协同的问题，确保不同技术之间的无缝对接和高效运行。

其次，数据挑战也是智慧城市建设中不可忽视的问题。智慧城市的建设需要大量的数据支持，包括城市运行数据、居民行为数据等。然而，数据的采集、存储、分析和利用都面临着巨大的挑战。一方面，需要解决数据的安全性和隐私保护问题，防止数据泄露和滥用；另一方面，还需要提高数据处理和分析能力，以便更好地挖掘数据的价值，为城市管理提供有力支持。

此外，智慧城市的建设还面临着资金、人才、政策等多方面的挑战。智慧城市的建设需要大量的资金投入，而资金筹措和使用是一个复杂的问题。同时，智慧城市建设需要具备专业知识和技能的人才队伍，而当前人才短缺问题较为突出。此外，政策环境和法规制度也是影响智慧城市建设的重要因素，需要不断完善和调整。

（二）智慧城市建设的机遇

尽管智慧城市建设面临着诸多挑战，但同时也蕴含着丰富的机遇。

首先，智慧城市建设有助于推动城市经济转型升级。智慧城市建设将促进信息技术与城市产业的深度融合，推动传统产业向智能化、绿色化方向发展。同时，智慧城市还将催生新的产业形态和商业模式，为城市经济发展注入新的动力。

其次，智慧城市建设有助于提升城市治理能力和服务水平。通过运用信息技术手段，智慧城市可以实现城市管理的精细化、智能化和高效化，提高政府决策的科学性和精准性。同时，智慧城市还可以为居民提供更加便捷、高效的服务，满足居民多元化、个性化的需求，提升居民的生活品质。

此外，智慧城市建设还有助于推动社会和谐进步。智慧城市的建设将促进政府、企业和社会之间的信息共享和协同合作，推动社会资源的优化配置和共享利用。同时，智慧城市还将推动社会管理的民主化和科学化，增强社会凝聚力和向心力。

（三）应对挑战与把握机遇的策略

面对智慧城市建设的挑战与机遇，我们需要采取一系列策略来应对挑战并把握机遇。

首先，加强技术研发和创新是应对技术挑战的关键。我们需要加大对智慧城市相关技术的研发投入，推动技术创新和突破。同时，还需要加强技术标准的制定和推广，促进技术的融合与协同。

其次，完善数据管理和利用机制是应对数据挑战的有效途径。我们需要建立健全的数据采集、存储和分析体系，确保数据的安全性和隐私保护。同时，还需要提高数据处理和分析的能力，挖掘数据的潜在价值，为城市管理提供有力支持。

此外，加强资金筹措和人才培养也是推动智慧城市建设的重要保障。我们需要探索多元化的资金筹措渠道，吸引社会资本参与智慧城市建设。同时，还需要加强人才培养和引进工作，建立一支具备专业知识和技能的智慧城市建设队伍。

最后，优化政策环境和法规制度也是推动智慧城市建设的重要措施。我们需要制定和完善相关政策法规，为智慧城市建设提供有力的制度保障和支持。同时，还需要加强政策宣传和解读工作，提高公众对智慧城市建设的认识和参与度。

综上所述，智慧城市建设既面临着诸多挑战，也蕴含着丰富的机遇。我们需要正确认识和应对这些挑战与机遇，采取有效的策略和措施推动智慧城市健康发展。通过加强技术研发和创新、完善数据管理和利用机制、加强资金筹措和人才培养及优化政策环境和法规制度等方面的努力，我们可以为智慧城市建设创造更加良好的环境和条件，推动城市向更加智能化、绿色化和可持续化的方向发展。

第二节　人工智能与大数据在城市规划和建设中的应用

一、智能规划决策支持系统

智能规划决策支持系统作为信息化、智能化发展的重要成果，旨在借助现代信息技术与决策科学方法，提高规划的合理性、科学性和有效性。随着大数据、云计算、人工智能等技术的迅猛发展，智能规划决策支持系统已经成为推动决策科学化、精准化的关键工具。

（一）智能规划决策支持系统的概念与特点

智能规划决策支持系统是一种综合运用现代信息技术和决策科学方法的综合性系统。它通过对海量数据的收集、整理、分析和挖掘，为决策者提供全面、准确、及时的信息支持，帮助决策者制定科学、合理的规划方案。智能规划决策支持系统具有以下几个显著特点。

首先，智能规划决策支持系统具有高度的智能化和自动化水平。借助人工智能、机器学习等技术，系统能够自主地进行数据分析和处理，提供智能化的决策建议。同时，系统还能够实现自动化运行和监控，降低人工干预的需求，提高决策效率。

其次，智能规划决策支持系统具有强大的数据处理和分析能力。它能够处理包括文本、图像、音频、视频等在内的多种数据类型，并运用数据挖掘、模式识别等技术，发现数据中的潜在规律和趋势，为决策提供有力支持。

此外，智能规划决策支持系统还具有高度的灵活性和可扩展性。它可以根据不同领域和场景的需求进行定制化开发，满足不同决策者的特定需求。同时，系统还能够随着技术的不断进步和应用的深入拓展，进行功能升级和扩展，保持与时俱进。

（二）智能规划决策支持系统的应用领域

智能规划决策支持系统的应用领域十分广泛，涵盖了城市规划、交通规划、能源规划、产业规划等多个领域。在城市规划方面，系统可以通过对城市空间、人口、经济等数据的分析，为城市规划者提供科学的规划建议和决策支持。在交通规划方面，系统可以通过对交通流量、交通拥堵等数据的实时监测和分析，为交通管理部门提供有效的交通疏导和优化方案。在能源规划方面，系统可以通过对能源供需、能源价格等数据的分析，为能源管理者制订合理的能源开发和使用计划。在产业规划方面，系统可以通过对产业结构、产业趋势等数据的分析，为产业发展提供科学指导和支持。

（三）智能规划决策支持系统的未来发展

随着技术的不断进步和应用场景的不断拓展，智能规划决策支持系统将迎来更加广阔的发展前景。未来，智能规划决策支持系统将在以下几个方面实现突破和创新。

首先，系统将进一步提高智能化和自动化水平。通过引入更先进的算法和模型，系统将能够更准确地识别和分析数据中的潜在规律和趋势，为决策者提供更加精准的建议和方案。同时，系统还将实现更高程度的自动化运行和监控，降低人工干预的需求，提高决策效率。

其次，系统将进一步拓展应用领域和场景。随着物联网、5G等技术的普及和应用，智能规划决策支持系统将与更多领域和场景实现深度融合，为更多行业和领域提供智能化决策支持。

此外，系统还将加强与其他系统的互联互通和协同合作。通过与其他信息系统的集成和共享，智能规划决策支持系统将能够获取更加全面、准确的数据信息，提高决策的科学性和有效性。同时，系统还将与其他决策支持系统实现协同合作，共同为决策者提供更加全面、高效的决策支持服务。

综上所述，智能规划决策支持系统作为推动决策科学化、精准化的重要工具，已经在多个领域和场景中得到广泛应用。随着技术的不断进步和应用场景的不断拓展，智能规划决策支持系统将在未来实现更加智能化、自动化和高效化的发展，为决策者提供更加全面、精准、高效的决策支持服务。

二、大数据驱动的城市交通规划

随着信息技术的迅猛发展，大数据已经成为推动社会进步和创新的重要引擎。在城市交通规划领域，大数据的应用不仅提升了规划的科学性和精准性，也为解决城市交通问题提供了新的思路和方法。下面将从大数据在城市交通规划中的应用、优势与挑战及未来发展等方面展开探讨。

（一）大数据在城市交通规划中的应用

大数据在城市交通规划中的应用主要体现在以下几个方面。

首先，大数据可用于交通流量分析。通过收集道路上的车辆行驶数据、交通拥堵指数等信息，可以实时掌握城市各区域的交通状况。基于这些数据，规划师可以分析交通流量的时空分布特征，预测未来交通需求的变化趋势，从而制定出更加科学合理的交通规划方案。

其次，大数据可用于交通行为研究。通过对居民出行方式、出行时间、出行距离等数据的收集和分析,可以深入了解居民的交通行为特征和出行需求。这些信息有助于规划师更加精准地把握城市交通的实际情况,为优化交通网络布局、提高交通运行效率提供有力支持。

此外,大数据还可用于交通设施优化。通过分析交通设施的使用情况、故障率等数据,可以及时发现设施存在的问题和不足,为设施的维修、改造和升级提供决策依据。同时,基于大数据的预测模型还可以帮助规划师预测未来交通设施的需求变化,提前规划设施的建设和布局。

(二) 大数据在城市交通规划中的优势与挑战

大数据在城市交通规划中的优势主要体现在以下几个方面。

首先,大数据提高了规划的精准性和科学性。传统的交通规划往往依赖经验和定性分析,难以准确把握交通系统的复杂性和动态性。而大数据的应用使得规划师能够基于大量实际数据进行分析和预测,从而制定出更加符合实际需求的规划方案。

其次,大数据有助于实现交通规划的智能化和自动化。通过引入机器学习、人工智能等先进技术,可以对大数据进行深度挖掘和分析,实现交通规划的自动化运行和实时监控。这不仅提高了规划效率,也降低了人工干预的需求,减少了人为因素的干扰。

然而,大数据在城市交通规划中也面临着一些挑战。

首先,数据质量和可靠性问题。由于数据来源的多样性和复杂性,大数据中可能存在噪声、异常值和缺失值等问题。这些问题可能导致分析结果的不准确和不可靠,影响规划的决策效果。因此,在使用大数据进行交通规划时,需要对数据进行严格的清洗、筛选和验证,确保数据的准确性和可靠性。

其次,数据安全和隐私保护问题。交通大数据中往往包含大量的个人隐私信息,如个人出行轨迹、消费习惯等。在数据收集、传输和处理过程中,必须采取有效的安全措施和技术手段,确保数据的安全性和隐私性。同时,还需要建立健全的数据管理制度和法律法规,规范数据的使用和共享,防止数据泄露和滥用。

(三) 大数据驱动的城市交通规划的未来发展

展望未来,大数据在城市交通规划中的应用将更加广泛和深入。随着技术的不断进步和应用场景的不断拓展,大数据将与其他信息技术实现更加紧密地融合,共同推动城市交通规划的智能化和高效化。

一方面,随着物联网、云计算等技术的普及和应用,城市交通数据的采集和传输将变得更加便捷和高效。这将为大数据的分析和应用提供更加丰富的数据源和更加广阔的应用场景。

另一方面,随着人工智能、机器学习等技术的不断发展,大数据的分析和处理能力将得到进一步提升。这将使得规划师能够更加深入地挖掘数据中的潜在信息和价值,为城市交通规划提供更加精准和有效的决策支持。

此外，未来大数据在城市交通规划中的应用还将更加注重数据的共享和开放。通过打破数据孤岛、促进数据流通，可以实现不同部门和机构之间的数据共享和协同合作，提高城市交通规划的整体效率和水平。

综上所述，大数据驱动的城市交通规划具有广阔的应用前景和巨大的发展潜力。通过充分发挥大数据的优势、克服挑战并不断推动技术创新和应用拓展，我们可以期待一个更加智能、高效和可持续的城市交通系统的到来。

三、AI 在城市设计与建筑行业的应用

随着人工智能（AI）技术的快速发展，其在城市设计与建筑行业的应用日益广泛。AI 不仅提高了设计效率，优化了建筑性能，还为城市的可持续发展提供了强有力的技术支持。下面将从 AI 在城市设计与建筑行业的应用现状、优势与挑战及发展趋势等方面展开探讨。

（一）AI 在城市设计与建筑行业的应用现状

在城市设计方面，AI 技术的应用主要体现在以下几个方面。

首先，AI 技术被用于辅助设计师进行空间布局和规划。通过运用机器学习算法，AI 可以分析大量的城市数据，包括人口分布、交通流量、土地利用等，为设计师提供科学的布局建议。这有助于优化城市空间结构，提高城市运行效率。

其次，AI 技术还可以用于模拟城市环境。利用虚拟现实（VR）和增强现实（AR）技术，AI 可以构建出高度逼真的城市环境模型，使设计师能够直观了解设计方案的效果。这有助于减少设计过程中的试错成本，提高设计质量。

在建筑行业，AI 技术的应用同样广泛。例如，AI 可以用于建筑结构的优化。通过运用深度学习算法，AI 可以对建筑结构进行分析和预测，找出可能存在的安全隐患，并提出相应的优化方案。这有助于提高建筑的安全性和稳定性。

此外，AI 还可以用于建筑能耗管理。通过实时监测建筑能耗数据，AI 可以分析建筑的能耗特点，提出节能建议。这有助于降低建筑能耗，提高建筑的环保性能。

（二）AI 在城市设计与建筑行业的优势和挑战

AI 在城市设计与建筑行业的应用带来了诸多优势。

首先，AI 技术提高了设计效率。传统的城市设计与建筑设计过程往往需要大量的时间和人力投入，而 AI 技术可以通过自动化和智能化的方式，快速完成烦琐的数据分析和计算工作，从而大幅缩短设计周期。

其次，AI 技术优化了设计方案。通过运用大数据分析和机器学习算法，AI 可以对设计方案进行多轮次的优化迭代，使设计结果更加符合实际需求。这有助于提高设计方案的实用性和美观性。

然而，AI 在城市设计与建筑行业的应用也面临着一些挑战。

首先，数据质量和可靠性问题。AI 技术的应用依赖于大量的数据支持，如果数据

质量不高或存在偏差，将直接影响 AI 分析结果的准确性。因此，在应用 AI 技术时，需要确保数据的准确性和可靠性。

其次，AI 技术的可解释性问题。虽然 AI 技术可以给出优化建议或预测结果，但其内部的工作机制和决策过程往往难以解释。这可能导致设计师对 AI 的建议产生疑虑或不信任，影响 AI 技术的推广和应用。

此外，AI 技术的安全和隐私保护问题也不容忽视。在城市设计与建筑行业中，涉及大量的敏感信息和隐私数据，如个人身份信息、建筑设计图纸等。在应用 AI 技术时，需要采取有效的安全措施和技术手段，确保数据的安全和隐私保护。

（三）AI 在城市设计与建筑行业的发展趋势

展望未来，AI 在城市设计与建筑行业的应用将呈现以下几个发展趋势。

首先，AI 技术将更加智能化和自适应。随着算法的不断优化和计算能力的提升，AI 技术将能够更好地理解和适应城市设计与建筑行业的复杂性和多样性，提供更加精准和个性化的服务。

其次，AI 技术将与其他先进技术实现深度融合。例如，AI 可以与物联网（IoT）技术结合，实现建筑设备的智能控制和远程管理；AI 还可以与云计算技术结合，实现设计数据的云端存储和共享。这将有助于进一步提高城市设计与建筑行业的智能化水平。

此外，AI 技术还将在可持续发展方面发挥更大作用。通过运用 AI 技术，我们可以更好地分析城市的环境影响和资源消耗情况，提出更加环保和可持续的设计方案。同时，AI 技术还可以用于监测和评估城市设计与建筑项目的实施效果，为城市的可持续发展提供有力支持。

综上所述，AI 在城市设计与建筑行业的应用具有广阔的前景和巨大的潜力。通过不断克服挑战并推动技术创新和应用拓展，我们可以期待 AI 技术为城市设计与建筑行业带来更多的机遇和发展空间。

第三节　人工智能与大数据在智慧交通中的应用

一、智能交通信号控制系统

随着城市化进程的加速和汽车保有量的快速增长，交通拥堵、事故频发及环境污染等问题日益严重。为了有效应对这些挑战，智能交通信号控制系统应运而生。该系统借助先进的信息技术和通信手段，对交通信号进行智能化控制和管理，以提高道路通行效率、减少交通事故并降低环境污染。下面将从智能交通信号控制系统的基本原理、应用优势及发展趋势等方面展开探讨。

（一）智能交通信号控制系统的基本原理

智能交通信号控制系统基于现代通信、计算机和自动控制技术，通过实时采集交通流量、车速、车辆类型等数据，对交通信号灯的配时方案进行动态调整。系统采用先进的算法和模型，对交通数据进行深度分析和处理，以预测交通流量的变化趋势，并据此优化信号灯的配时方案。此外，系统还能与 GPS 定位、视频监控等技术相结合，实现交通信号的远程监控和故障诊断。

在智能交通信号控制系统中，交通信号灯的配时方案不再是固定的，而是根据实时交通状况进行动态调整。例如，在高峰时段，系统可以自动延长绿灯时间，以减少车辆等待时间；在平峰时段，则可以缩短绿灯时间，以提高道路通行效率。这种动态配时方案能够有效应对交通流量的变化，提高道路利用率。

（二）智能交通信号控制系统的应用优势

智能交通信号控制系统的应用带来了诸多优势。首先，该系统能够显著提高道路通行效率。通过实时调整信号灯的配时方案，系统可以减少车辆等待时间和停车次数，提高道路通行速度。其次，智能交通信号控制系统有助于降低交通事故发生率。通过优化交通信号配时，系统可以减少车辆冲突点，降低交通事故风险。此外，系统还能通过视频监控等技术手段，及时发现和处理交通事故隐患。最后，智能交通信号控制系统对环境保护也具有积极意义。通过减少车辆等待时间和停车次数，系统可以降低车辆尾气排放，改善空气质量。

在实际应用中，智能交通信号控制系统已经取得了显著成效。例如，在一些城市的主干道上，通过引入智能交通信号控制系统，道路通行效率提高了近 20%，交通事故发生率也明显降低。同时，随着系统的不断优化和升级，其应用范围和效果还将进一步扩大和提升。

（三）智能交通信号控制系统的发展趋势

随着技术的不断进步和应用场景的拓展，智能交通信号控制系统将呈现出以下发展趋势。

首先，系统将进一步实现智能化和自动化。借助人工智能、大数据等先进技术，系统将能够更准确地预测交通流量变化趋势，制定更合理的信号配时方案。同时，系统还将实现更高程度的自动化运行和监控，降低人工干预的需求。

其次，系统将与更多交通设施和服务实现互联互通。通过与公共交通系统、停车管理系统等的集成和共享，智能交通信号控制系统将能够提供更全面、更高效的交通服务。此外，系统还将与车联网、自动驾驶等技术相结合，共同推动智能交通的发展。

最后，智能交通信号控制系统将更加注重用户体验和安全性。通过优化用户界面、提供个性化服务等方式，系统将提升用户体验；同时，通过加强数据安全和隐私保护等措施，系统将确保用户信息和交通数据的安全可靠。

综上所述，智能交通信号控制系统作为现代交通管理的重要手段，具有显著的应用优势和广阔的发展前景。随着技术的不断进步和应用场景的不断拓展，智能交通信号控制系统将在提高道路通行效率、降低交通事故发生率及改善环境质量等方面发挥更大的作用。

二、自动驾驶技术的研发与应用

自动驾驶技术作为未来交通领域的核心发展方向，其研发与应用正日益受到全球的关注。从提高道路安全、缓解交通压力，到推动汽车产业转型升级，自动驾驶技术展现出了巨大的潜力与价值。下面将从自动驾驶技术的研发历程、当前应用状况及发展趋势等方面展开探讨。

（一）自动驾驶技术的研发历程

自动驾驶技术的研发历程可以追溯到 20 世纪初期，但真正取得突破性进展是在近几十年。随着传感器技术、计算机视觉、人工智能等领域的快速发展，自动驾驶技术逐渐从理论走向实践。

研发过程中，自动驾驶技术经历了从简单辅助驾驶到高度自动驾驶的逐步演进。早期的研究主要集中在车辆稳定控制、自动泊车等辅助功能上，这些功能在一定程度上提高了驾驶的安全性和便利性。随着技术的不断进步，自动驾驶系统开始具备更高级别的功能，如自适应巡航、车道保持、自动换道等。

近年来，随着深度学习、大数据等技术的快速发展，自动驾驶技术迎来了新的突破。通过训练大量的数据，自动驾驶系统能够识别各种交通场景，并做出准确的决策。这使得自动驾驶车辆能够在更复杂的道路环境和交通状况下运行，大大提高了其实用性和可靠性。

（二）自动驾驶技术的当前应用状况

目前，自动驾驶技术已经在多个领域得到了应用。在物流领域，自动驾驶卡车和无人配送车已经开始在一些地区进行试点运营，它们能够高效地完成货物运输和配送任务，降低了人力成本和时间成本。在公共交通领域，自动驾驶公交车和出租车也在一些城市进行了试运行，为市民提供了更加便捷、舒适的出行体验。

此外，在特定场景下，如矿区、港口等封闭区域，自动驾驶技术也得到了广泛应用。这些区域的环境相对简单，道路条件较为固定，因此更容易实现自动驾驶的部署和应用。在这些场景下，自动驾驶技术能够提高作业效率，降低安全风险，为相关行业带来了巨大的经济效益和社会效益。

然而，尽管自动驾驶技术已经取得了一定的应用成果，但仍然存在许多挑战和问题。例如，技术成熟度、法律法规、道路基础设施等方面都需要进一步完善和提升。此外，公众对于自动驾驶技术的接受度和信任度也是影响其广泛应用的重要因素。

（三）自动驾驶技术的发展趋势

展望未来，自动驾驶技术的发展将呈现出以下几个趋势。

首先，技术将更加成熟和稳定。随着算法的不断优化和硬件性能的提升，自动驾驶系统将具备更高的感知能力、决策能力和执行能力。同时，随着5G、物联网等技术的普及和应用，自动驾驶车辆将能够实现更加高效的信息传输和协同工作。

其次，应用场景将进一步拓展。除了物流、公共交通等领域外，自动驾驶技术还将逐渐渗透到私家车、出租车等更广泛领域。随着技术的不断进步和成本的降低，未来将有更多的车辆实现自动驾驶功能，为人们的出行带来更加便捷、安全的体验。

再次，政策法规和标准体系也将不断完善。随着自动驾驶技术的快速发展，各国政府将加强对自动驾驶车辆的监管和管理，制定相应的法规和标准来规范其研发、测试和运营。这将为自动驾驶技术的健康发展提供有力的保障。

最后，自动驾驶技术将与其他先进技术实现深度融合。例如，与车联网技术相结合，实现车辆之间的信息共享和协同驾驶；与人工智能技术相结合，实现更加智能的决策和控制；与新能源技术相结合，推动绿色、环保的出行方式等。这些融合将为自动驾驶技术的发展带来更加广阔的空间和机遇。

综上所述，自动驾驶技术的研发与应用正处于快速发展阶段，虽然面临诸多挑战和问题，但其巨大的潜力和价值不容忽视。未来随着技术的不断进步和应用场景的不断拓展，自动驾驶技术将为人们的出行带来更加便捷、安全、高效的体验。

三、基于大数据的交通拥堵分析与缓解策略

随着城市化进程的加速和机动车数量的快速增长，交通拥堵问题日益严重，成为制约城市发展的重要因素。大数据技术的兴起为交通拥堵问题的分析与解决提供了新的思路和方法。通过收集、处理和分析海量的交通数据，可以深入了解交通拥堵的成因和规律，从而制定出有效的缓解策略。下面将从大数据在交通拥堵分析中的应用、基于大数据的拥堵缓解策略及发展趋势等方面展开探讨。

（一）大数据在交通拥堵分析中的应用

大数据技术在交通拥堵分析中的应用主要体现在以下几个方面。

首先，大数据可以帮助我们全面、准确地掌握交通拥堵状况。通过收集道路监控、车辆GPS、公共交通刷卡等多元化数据，我们可以实时了解道路的拥堵程度、车辆行驶速度、交通流量等信息。这些数据不仅可以反映当前的交通状况，还可以通过分析历史数据，揭示交通拥堵的时空分布规律和变化趋势。

其次，大数据可以帮助我们深入剖析交通拥堵的成因。通过对数据的深度挖掘和分析，我们可以发现交通拥堵与道路结构、交通设施、交通管理等因素之间的关联。例如，道路设计不合理、交通信号灯配时不科学、公共交通设施不足等都可能导致交通拥堵。通过找出这些成因，我们可以有针对性地制定缓解策略。

此外，大数据还可以用于预测交通拥堵的发展趋势。基于历史数据和实时数据，我们可以建立交通拥堵预测模型，对未来一段时间内的交通状况进行预测。这有助于我们提前做好交通疏导和管理工作，避免拥堵的进一步加重。

（二）基于大数据的拥堵缓解策略

基于大数据的分析结果，我们可以制定出以下拥堵缓解策略。

首先，优化交通规划与设计。通过大数据分析，我们可以发现道路设计、交通设施等方面的不足之处，从而进行有针对性的优化。例如，调整道路布局、增加交通信号灯、优化公共交通线路等，以提高道路通行能力和交通效率。

其次，加强交通管理与调度。大数据可以帮助我们实时掌握交通状况，从而做出及时的调度和决策。例如，根据交通流量的变化调整交通信号灯的配时方案，或者在拥堵路段实施临时交通管制措施。此外，还可以通过智能调度系统，优化公交、出租车等公共交通资源的配置，提高公共交通的吸引力和运营效率。

再次，推广智能交通技术应用。智能交通技术包括车路协同、自动驾驶、智能停车等，这些技术能够显著提高交通系统的智能化水平。通过应用这些技术，我们可以实现车辆与道路基础设施之间的信息互通和协同工作，从而提高道路通行效率、减少交通事故并降低能耗和排放。

最后，加强公众出行引导与教育。通过大数据分析，我们可以为公众提供实时、准确的交通信息，帮助他们选择合适的出行方式和路线。同时，还可以通过宣传教育等方式，增强公众的交通安全意识和文明出行意识，减少因人为因素导致的交通拥堵。

（三）基于大数据的交通拥堵分析与缓解策略的发展趋势

未来，基于大数据的交通拥堵分析与缓解策略将呈现以下发展趋势。

首先，数据融合与共享将成为主流。随着各种交通数据的不断增多和多样化，如何实现数据的融合与共享将成为关键问题。通过建立统一的数据平台和数据标准，实现各部门、各系统之间的数据互通和共享，将有助于提高数据分析的准确性和效率。

其次，算法优化和模型创新将持续推进。随着机器学习、深度学习等人工智能技术的不断发展，交通拥堵分析的算法和模型也将不断优化和创新。这将使我们能够更深入地挖掘数据中有价值的信息，为制定更有效的缓解策略提供支持。

此外，智能交通技术的普及和应用将加速推进。随着技术的不断进步和成本的降低，智能交通技术将逐渐普及到更多的领域和场景中。这将有助于提高交通系统的智能化水平，为缓解交通拥堵提供更有力的技术支持。

最后，公众参与和合作将成为重要力量。在交通拥堵问题的解决过程中，公众的参与和合作至关重要。通过加强公众出行引导、开展宣传教育等方式，增强公众的交通安全意识和文明出行意识；同时，鼓励公众参与交通规划和设计过程，充分听取他们的意见和建议，使交通拥堵问题的解决更加符合公众的需求和期望。

综上所述，基于大数据的交通拥堵分析与缓解策略在解决城市交通拥堵问题中具有重要作用。通过不断优化和完善相关技术和方法，我们有望实现更加高效、便捷、安全的城市交通环境。

第四节　人工智能与大数据在智慧能源中的应用

一、智能电网的构建与管理

随着科技的不断进步和能源结构的转型，智能电网作为未来电力系统的发展方向，受到了广泛关注。智能电网融合了信息技术、通信技术、自动化技术等多领域技术，通过实现电力系统的智能化管理，提高电力供应的可靠性、安全性和经济性，满足日益增长的电力需求。下面将从智能电网的构建与管理两个方面，详细探讨其关键技术、应用优势及发展趋势。

（一）智能电网的构建

智能电网的构建是一个复杂而系统的工程，涉及多个方面。以下是构建智能电网的关键环节。

首先，构建智能电网需要建立高效的信息通信网络。这是实现电力系统各环节信息互通、数据共享的基础。通过采用先进的通信技术和设备，构建高速、可靠、安全的通信网络，实现电网设备间的实时数据交互和远程控制。

其次，智能电网的构建需要实现电力系统的自动化控制。这包括发电、输电、变电、配电等各个环节的自动化管理。通过应用自动化技术和设备，实现电力系统的自动调度、自动保护、自动测量等功能，提高电力系统的运行效率和稳定性。

此外，智能电网的构建还需要注重电力系统的智能化决策。通过运用大数据、云计算、人工智能等先进技术，对电网运行数据进行深度挖掘和分析，实现电力系统的智能化预测、优化和决策，提高电力供应的可靠性和经济性。

在构建智能电网的过程中，还需要充分考虑可再生能源的接入和利用。随着可再生能源的快速发展，智能电网需要能够高效、稳定地接入可再生能源，实现能源的多元化供应和可持续发展。

（二）智能电网管理

智能电网管理是确保电网安全、稳定、高效运行的关键。以下是智能电网管理的主要方面。

首先，智能电网管理需要实现电力系统的实时监控和预警。通过采集电网运行数据，进行实时分析和处理，及时发现电网运行中的异常情况，并采取相应的措施进行预警和处理，确保电网的安全稳定运行。

其次，智能电网管理需要实现电力资源的优化配置。通过运用先进的调度算法和优化模型，对电力资源进行科学合理的分配和调度，实现电力资源的最大化利用和降低运行成本。

此外，智能电网管理还需要注重用户需求的响应和服务。通过建立用户服务体系，实现与用户的互动和沟通，及时了解用户需求，提供个性化的电力服务，提高用户满意度和忠诚度。

在智能电网管理过程中，还需要注重数据安全和隐私保护。智能电网涉及大量的用户数据和运行数据，必须采取有效的措施确保数据的安全性和隐私性，防止数据泄露和滥用。

（三）智能电网的发展趋势

随着技术的不断进步和应用场景的不断拓展，智能电网将呈现出以下发展趋势。

首先，智能电网将更加注重绿色、低碳发展。随着全球气候变化的加剧和环保意识的提高，智能电网将更加注重可再生能源的接入和利用，推动电力系统的绿色低碳发展。

其次，智能电网将实现更高程度的自动化和智能化。通过运用更先进的技术和设备，实现电力系统的全面自动化和智能化管理，提高电力供应的可靠性和经济性。

此外，智能电网还将实现与其他领域的深度融合。例如，与智慧城市、智能交通等领域的融合，共同推动城市的智能化发展；与工业互联网、物联网等领域的融合，实现电力系统与其他工业系统的互联互通和协同工作。

最后，智能电网将更加注重用户体验和服务创新。通过提供更加便捷、个性化的电力服务，提高用户满意度和忠诚度；同时，通过创新商业模式和服务方式，推动电力行业的转型升级和可持续发展。

综上所述，智能电网的构建与管理是一个复杂而系统的工程，需要综合考虑多个方面。通过构建高效的信息通信网络、实现电力系统的自动化控制和智能化决策、注重可再生能源的接入和利用等关键环节，可以实现智能电网的构建；通过实现电力系统的实时监控和预警、电力资源的优化配置、用户需求的响应和服务，以及数据安全和隐私保护等方面的管理，可以确保智能电网的安全、稳定、高效运行。未来，智能电网将在绿色低碳发展、自动化智能化管理、多领域融合，以及用户体验和服务创新等方面不断发展和完善，为电力行业的可持续发展做出重要贡献。

二、新能源开发与利用中的 AI 技术

随着全球能源需求的不断增长和环境保护意识的日益加强，新能源开发与利用已成为当今世界的重要议题。人工智能（AI）技术的快速发展，为新能源领域带来了前所未有的机遇与挑战。AI 技术在新能源开发与利用中发挥着重要作用，不仅能够提高能源开发的效率和准确性，还能促进能源的可持续利用。下面将从新能源开发与利用中 AI 技术的应用、优势及发展趋势三个方面展开论述。

（一）AI 技术在新能源开发与利用中的应用

AI 技术在新能源开发与利用中的应用广泛而深入，以下是几个典型的应用场景。

首先，在新能源资源评估与选址方面，AI 技术发挥着重要作用。通过利用大数据和机器学习算法，AI 能够对风能、太阳能等新能源资源进行精确评估，预测其在不同地理位置的潜力。同时，AI 技术还结合地质、气候等多源信息，为新能源项目的选址提供科学依据，提高项目成功率。

其次，在新能源设备设计与优化方面，AI 技术同样具有显著优势。利用深度学习等 AI 技术，可以对新能源设备的结构、性能进行模拟与优化，提高设备的发电效率和可靠性。此外，AI 技术还能对设备的运行状态进行实时监测和预测，及时发现潜在故障，减少设备维护成本。

此外，AI 技术在新能源储能与并网方面也发挥着重要作用。通过应用智能算法，AI 可以实现对储能设备的智能调度和能量管理，提高储能系统的效率和经济性。同时，AI 技术还能优化新能源并网过程，确保新能源与传统能源的协同运行，提高电力系统的稳定性。

（二）AI 技术在新能源开发与利用中的优势

AI 技术在新能源开发与利用中展现出诸多优势，具体表现在以下几个方面。

首先，AI 技术能够提高新能源开发的效率和准确性。通过运用 AI 算法，可以对新能源资源进行快速、准确的评估与选址，缩短项目开发周期。同时，AI 技术还能对新能源设备进行优化设计，提高设备性能，降低开发成本。

其次，AI 技术有助于实现新能源的可持续利用。通过智能调度和能量管理，AI 可以确保新能源在并网过程中的稳定运行，减少能源浪费。此外，AI 技术还能对新能源利用过程中的环境影响进行评估和预测，为制定环保政策提供依据。

最后，AI 技术能够推动新能源领域的创新与发展。通过不断引入新的 AI 算法和技术，可以拓展新能源开发与利用的应用场景，提高能源利用效率。同时，AI 技术还能促进新能源与其他领域的融合发展，为构建绿色低碳的能源体系提供有力支撑。

（三）AI 技术在新能源开发与利用中的发展趋势

随着 AI 技术的不断进步和应用场景的不断拓展，其在新能源开发与利用中的发展趋势将表现为以下几个方面。

首先，AI 技术将更加智能化和精细化。随着算法的不断优化和计算能力的提升，AI 将能够实现对新能源资源的更精确评估、对设备性能的更优化设计及对能源利用过程的更智能调度，这将有助于提高新能源开发与利用的整体效率和准确性。

其次，AI 技术将促进新能源领域的跨界融合。新能源开发与利用涉及多个领域的知识和技术，AI 技术的应用将有助于打破领域壁垒，实现新能源与其他领域的深度融合。例如，AI 可以与物联网、大数据等技术相结合，推动智能电网、智能交通等新型能源系统的建设与发展。

此外，AI 技术还将推动新能源开发与利用的全球化发展。随着全球能源需求的不断增长和环境保护意识的加强，各国都在积极寻求新能源开发与利用的解决方案。AI 技术的应用将有助于实现新能源资源的全球优化配置和共享利用，推动全球能源结构转型和升级。

最后，AI 技术还将关注新能源开发与利用中的环境和社会影响。在追求能源效率和经济性的同时，AI 技术将更加注重对环境和社会的可持续发展。通过应用 AI 技术，可以实现对新能源利用过程中的环境影响进行实时监测和评估，为制定环保政策提供依据；同时，AI 技术还可以促进新能源项目的社会参与和公平分配，推动新能源开发与利用的可持续发展。

综上所述，AI 技术在新能源开发与利用中发挥着重要作用，具有广阔的应用前景和巨大的发展潜力。随着技术的不断进步和应用场景的不断拓展，AI 技术将为新能源领域的创新与发展提供有力支撑，推动全球能源结构的转型和升级。

三、大数据驱动的能源效率提升与管理

在能源行业日益受到关注的今天，提高能源效率已成为行业发展的关键。随着大数据技术的快速发展，其在能源效率优化与管理方面的应用逐渐凸显出其重要性。大数据不仅能够帮助我们更好地理解和分析能源使用情况，还能为能源效率提升提供有力的数据支持。下面将从大数据驱动的能源效率提升与管理的角度出发，深入探讨其技术实现、应用场景及发展趋势。

（一）大数据驱动的能源效率提升与管理技术实现

大数据驱动的能源效率提升与管理依赖一系列先进的技术手段。首先，数据采集与整合是大数据应用的基础。通过安装传感器、智能仪表等设备，实时采集能源使用数据，并将这些数据进行整合和清洗，以消除冗余和错误信息，为后续的数据分析提供可靠的数据源。

其次，数据挖掘与分析是大数据应用的核心。利用机器学习、深度学习等算法，对采集到的能源使用数据进行深度挖掘和分析，发现隐藏在数据中的规律和模式，为能源效率提升提供决策支持。

最后，可视化与智能化管理是大数据应用的重要手段。通过数据可视化技术，将分析结果以直观的方式呈现出来，帮助决策者更好地理解能源使用情况。同时，结合人工智能技术，实现能源使用的智能化管理，自动调整能源使用策略，提高能源效率。

（二）大数据驱动的能源效率提升与管理应用场景

大数据驱动的能源效率提升与管理在多个领域有着广泛应用。以电力行业为例，大数据可以应用于智能电网建设与管理中。通过对电网运行数据的实时监控和分析，及时发现电网故障和潜在风险，优化电力调度和分配，提高电力供应的可靠性和经

济性。

在工业生产领域，大数据可以帮助企业实现能源消耗的精细化管理。通过对生产过程中的能源消耗数据进行实时监测和分析，找出能源消耗的瓶颈和优化空间，制定合理的能源使用策略，降低生产成本，提高生产效率。

此外，大数据还可以应用于建筑节能领域。通过对建筑能耗数据的收集和分析，评估建筑的能源使用效率，提出节能改造方案，降低建筑能耗，实现可持续发展。

（三）大数据驱动的能源效率提升与管理发展趋势

随着大数据技术的不断发展和完善，其在能源效率提升与管理方面的应用将更加广泛和深入。未来，大数据驱动的能源效率优化与管理将呈现出以下几个发展趋势。

首先，数据融合与共享将成为重要趋势。随着能源行业的数字化转型，不同能源系统之间的数据融合与共享将变得更加重要。通过打破数据孤岛，实现数据的互联互通，可以更好地挖掘数据价值，提高能源效率。

其次，智能化决策与管理将成为主流。随着人工智能技术的不断发展，未来的能源效率提升与管理将更加依赖智能化决策。通过利用机器学习、深度学习等技术，实现对能源使用情况的自动分析和优化，提高决策效率和准确性。

此外，个性化服务与创新商业模式也将成为未来发展的重要方向。通过对用户能源使用数据的深度挖掘和分析，可以为用户提供个性化的能源服务，满足用户多样化的需求。同时，结合大数据技术，可以创新商业模式，推动能源行业的转型升级。

最后，数据安全与隐私保护将成为不可忽视的问题。随着大数据应用的深入，数据安全和隐私保护将变得越来越重要。需要采取有效的技术手段和管理措施，确保数据的安全性和隐私性，防止数据泄露和滥用。

综上所述，大数据驱动的能源效率优化与管理具有巨大的潜力和广阔的发展前景。通过利用大数据技术，我们可以更好地理解和分析能源使用情况，提高能源效率，实现可持续发展。未来，随着技术的不断进步和应用场景的不断拓展，大数据将在能源效率优化与管理方面发挥更加重要的作用。

第五节　人工智能与大数据在智慧环保中的应用

一、环境监测网络的构建与数据分析

随着环境保护意识的日益增强和科学技术的飞速发展，环境监测成为保障生态环境质量的重要手段。环境监测网络的构建与数据分析是环境监测体系的核心组成部分，对于准确、及时地掌握环境状况，制定科学的环境保护政策具有重要意义。下面将从环境监测网络的构建、数据收集与处理及数据分析与应用三个方面展开论述。

（一）环境监测网络的构建

环境监测网络的构建是环境监测工作的基础，其目标是实现对环境质量的全面、连续、准确地监测。环境监测网络的构建包括监测站点的选址、监测设备的选型和安装及网络系统的搭建等多个环节。

在监测站点选址方面，需要考虑地理位置、环境因素、人口密度等多个因素，确保监测站点能够覆盖到关键区域和敏感点，同时避免受到其他因素的干扰。监测设备的选型应根据监测目标、监测指标及环境特点进行选择，确保设备具有高精度、高稳定性及良好的适应性。网络系统的搭建则需要保证数据传输的实时性、准确性和安全性，实现监测数据的远程传输和共享。

此外，环境监测网络的构建还需要注重标准化和规范化。通过制定统一的监测标准、数据格式和传输协议，可以确保监测数据的可比性和互通性，提高环境监测工作的效率和准确性。

（二）环境监测数据的收集与处理

环境监测数据的收集与处理是环境监测网络构建的重要环节，也是数据分析的基础。数据收集主要通过安装在监测站点的各种传感器和仪表实现，这些设备能够实时采集环境中的各种参数，如温度、湿度、气压、风速、污染物浓度等。

数据处理是对原始数据进行清洗、整合、校正和标准化的过程。由于环境因素的复杂性和多变性，原始数据往往存在噪声、异常值和缺失值等问题，需要通过数据处理技术消除这些问题，提高数据质量。此外，数据处理还需要将不同来源、不同格式的数据进行整合和标准化，以便后续的数据分析工作。

在数据处理过程中，还需要注重数据的安全性和保密性。环境监测数据往往涉及个人隐私和国家安全等敏感信息，必须采取相应的加密和防护措施，确保数据在传输、存储和处理过程中不被泄露或滥用。

（三）环境监测数据的分析与应用

环境监测数据的分析与应用是环境监测工作的核心环节，也是实现环境保护目标的关键手段。数据分析主要通过对处理后的数据进行统计、建模和预测等操作，挖掘数据中的有价值信息，为环境保护政策的制定提供科学依据。

数据分析的方法多种多样，包括描述性统计、相关性分析、主成分分析、回归分析等。通过这些方法，可以揭示环境参数之间的内在关系，发现环境变化的趋势和规律，预测未来环境状况的变化趋势。同时，还可以利用数据挖掘技术，从海量数据中提取出关键信息和潜在风险点，为环境保护工作提供有针对性的建议。

环境监测数据的应用也十分广泛。一方面，它可以为政府部门提供决策支持，帮助制定环境保护政策、规划环境治理措施；另一方面，它也可以为企业和公众提供信息服务，帮助企业了解环境状况、调整生产策略，帮助公众了解环境质量、参与环境保护工作。此外，环境监测数据还可以用于科学研究、教育宣传等领域，推动环境保护事业的不断发展。

总之，环境监测网络的构建与数据分析是环境保护工作中不可或缺的一环。通过构建完善的监测网络、收集高质量的数据、运用先进的分析技术，我们可以更好地了解环境状况、掌握环境变化规律、制定科学的环境保护政策，为实现可持续发展目标贡献力量。同时，我们也应该认识到，环境监测工作是一项长期而艰巨的任务，需要政府、企业和社会各界的共同努力和持续投入。

二、AI 在垃圾分类与处理中的应用

随着城市化进程的加速，垃圾问题日益凸显，给环境带来了极大的压力。传统的垃圾分类和处理方法已经难以满足日益增长的需求，亟需引入新技术提升效率。近年来，人工智能（AI）技术的快速发展，为垃圾分类与处理提供了新的解决方案。下面将探讨 AI 在垃圾分类与处理中的应用，分析其在该领域的优势和挑战，并展望发展趋势。

（一）AI 在垃圾分类中的应用

AI 在垃圾分类中的应用主要体现在自动识别、分类决策和智能管理等方面。

首先，AI 通过图像识别技术，可以实现对垃圾的快速、准确识别。利用深度学习算法，AI 可以对垃圾图像进行特征提取和分类，识别出不同种类的垃圾。这种自动识别技术不仅提高了垃圾分类的准确率，还大大减少了人工分类的工作量。

其次，AI 可以辅助进行垃圾分类决策。通过对大量垃圾数据的分析，AI 可以发现不同垃圾之间的关联性和规律，为制定更加科学的垃圾分类策略提供依据。例如，AI 可以根据垃圾的成分和性质，推荐最合适的处理方式，提高垃圾处理的效率和环保性。

此外，AI 还可以实现垃圾分类的智能管理。通过物联网技术，AI 可以实时监控垃圾的分类情况，及时发现分类错误或违规行为，并采取相应的纠正措施。这种智能管理方式不仅可以提高垃圾分类的执行力，还可以降低管理成本。

（二）AI 在垃圾处理中的应用

AI 在垃圾处理中的应用主要集中在优化处理流程、提高处理效率和降低环境污染等方面。

首先，AI 可以优化垃圾处理流程。通过对垃圾处理过程的数据进行分析，AI 可以发现处理流程中的瓶颈和优化空间，提出改进方案。例如，AI 可以根据垃圾的种类和数量，自动调整处理设备的参数和运行模式，提高处理效率。

其次，AI 可以辅助实现垃圾的资源化利用。通过数据挖掘和分析，AI 可以发现垃圾中的潜在价值，提出有效的资源化利用方案。例如，AI 可以根据垃圾的成分和性质，推荐合适的回收方式和再利用途径，实现垃圾的资源化利用和减量化处理。

此外，AI 还可以降低垃圾处理过程中的环境污染。通过实时监测垃圾处理过程中

的排放物，AI 可以预测和评估环境污染风险，并采取相应的预防措施。同时，AI 还可以优化处理工艺，减少有害物质的排放，降低对环境的负面影响。

（三）AI 在垃圾分类与处理中的优势和挑战

AI 在垃圾分类与处理中的优势主要体现在提高效率和准确性、优化资源配置、降低环境污染等方面。通过 AI 技术的应用，可以实现对垃圾的快速识别、分类和处理，提高整个处理流程的效率和自动化水平。同时，AI 还可以根据垃圾的特点和需求，优化资源配置和利用，实现垃圾的资源化利用和减量化处理。此外，AI 还可以降低垃圾处理过程中的环境污染，保护环境质量和生态安全。

然而，AI 在垃圾分类与处理中也面临一些挑战。首先，数据问题是 AI 应用的关键。垃圾分类与处理涉及大量的数据收集、处理和分析工作，需要建立完善的数据体系和管理机制。同时，数据的准确性和完整性也是影响 AI 应用效果的重要因素。其次，技术难题也是 AI 应用需要克服的问题。尽管 AI 技术在图像识别、数据分析等方面取得了显著进展，但仍存在算法优化、模型泛化等方面的挑战。此外，成本问题也是制约 AI 在垃圾分类与处理中广泛应用的因素之一。AI 技术的应用需要大量的计算资源和硬件设备支持，增加了垃圾分类与处理的成本。

（四）AI 在垃圾分类与处理中的发展趋势

随着技术的不断进步和应用场景的拓展，AI 在垃圾分类与处理中的应用将呈现以下发展趋势。

首先，AI 技术将更加智能化和精细化。通过深度学习和强化学习等技术的不断发展，AI 将更加准确地识别和处理垃圾，提高分类的精度和效率。同时，AI 还将根据垃圾的特点和需求，提供更加个性化的处理方案，实现资源的最大化利用。

其次，AI 将与物联网、云计算等技术深度融合。通过物联网技术实现垃圾的实时监控和智能管理，通过云计算技术实现数据的共享和分析，将进一步提升垃圾分类与处理的智能化水平。

此外，AI 还将推动垃圾分类与处理的绿色化和可持续发展。通过优化处理工艺和降低环境污染，AI 将为构建绿色、低碳、循环的垃圾处理体系提供有力支持。

综上所述，AI 在垃圾分类与处理中的应用具有广阔的前景和巨大的潜力。随着技术的不断进步和应用场景的拓展，AI 将为解决垃圾问题提供更加高效、智能和环保的解决方案。同时，我们也需要关注并解决 AI 应用中的数据、技术和成本等问题，推动其在垃圾分类与处理中的广泛应用和深入发展。

三、基于大数据的环境污染预警与应对机制

随着工业化和城市化的快速发展，环境污染问题日益严重，对人类的健康和生态环境造成了巨大的威胁。为了有效应对环境污染问题，基于大数据的环境污染预警与应对机制应运而生。下面将从大数据在环境污染预警中的应用、环境污染应对机制的

构建及发展趋势三个方面展开论述。

（一）大数据在环境污染预警中的应用

大数据技术的应用为环境污染预警提供了强大的支持。通过收集、整合和分析大量的环境数据，可以实现对环境污染的实时监测和预警。

首先，大数据可以帮助我们实现环境数据的全面收集。利用物联网技术，我们可以将各种环境监测设备连接起来，实时收集空气质量、水质、土壤污染等环境数据。这些数据不仅包括传统的化学指标，还包括生物指标、气象指标等，能够更全面地反映环境状况。

其次，大数据可以帮助我们进行环境数据的深度分析。通过数据挖掘和机器学习等技术，我们可以对收集到的环境数据进行处理和分析，发现其中的规律和趋势。例如，我们可以利用时间序列分析预测未来环境状况的变化趋势，利用空间分析揭示环境污染的空间分布特征。

最后，大数据可以帮助我们实现环境污染的实时预警。通过对环境数据的实时监测和分析，我们可以及时发现环境污染的异常情况，并通过预警系统向相关部门和公众发布预警信息。这样可以帮助我们及时采取应对措施，减少环境污染对人类社会和生态环境的影响。

（二）环境污染应对机制的构建

基于大数据的环境污染预警只是应对环境污染的第一步，构建有效的环境污染应对机制同样重要。

首先，我们需要建立跨部门的协作机制。环境污染问题涉及多个部门和领域，需要各部门之间密切协作，共同应对。通过建立信息共享平台，各部门可以实时共享环境数据和预警信息，提高应对效率。同时，还需要建立联合执法机制，对环境污染行为进行严厉打击。

其次，我们需要加强科技创新和人才培养。环境污染应对需要依靠先进的科技手段和专业的人才支持。因此，我们需要加大对环保科技研发的投入，推动环保技术的创新和应用。同时，还需要加强环保人才的培养和引进，提高环保队伍的整体素质和能力。

此外，我们还需要加强公众参与和社会监督。公众是环境污染的直接受害者，也是应对环境污染的重要力量。我们需要加强环保宣传教育，增强公众的环保意识和参与度。同时，还需要建立完善的社会监督机制，鼓励公众对环境污染行为进行监督和举报。

（三）发展趋势

随着大数据技术的不断发展和应用领域的不断拓展，基于大数据的环境污染预警与应对机制将呈现出以下发展趋势。

首先，数据融合与共享将成为主流。未来，我们将更加注重环境数据的融合与共享，打破部门之间的数据壁垒，实现环境数据的全面整合和高效利用。这将有助于提高环境污染预警的准确性和应对机制的效率。

其次，智能化和自动化水平将不断提高。随着人工智能、机器学习等技术的不断发展，我们将能够实现环境污染预警的智能化和自动化。通过构建智能预警系统，我们可以实现对环境污染的自动识别和预警，减少人为干预和误判。

最后，跨界合作与国际合作将加强。环境污染是全球性的问题，需要各国共同应对。未来，我们将更加注重跨界合作和国际合作，加强与其他国家和地区的交流与合作，共同推动环境污染问题的解决。

综上所述，基于大数据的环境污染预警与应对机制在应对环境污染问题中发挥着重要作用。通过充分利用大数据技术，我们可以实现对环境污染的实时监测和预警，构建有效的应对机制，为保护环境、促进可持续发展做出积极的贡献。同时，我们也需要不断探索和创新，推动大数据技术在环境污染预警与应对机制中的应用不断向前发展。

第九章

人工智能与大数据在医疗健康领域的应用和实践

第一节 医疗健康大数据的价值与应用前景

一、医疗健康大数据的组成与特点

随着信息技术的飞速发展，医疗健康领域迎来了大数据时代的曙光。医疗健康大数据作为数据科学在医疗领域的具体应用，以其独特的组成和特点，正在深刻改变着传统医疗模式，为健康管理和医疗服务提供了前所未有的机遇。

（一）医疗健康大数据的组成

医疗健康大数据是一个复杂而庞大的数据集，其组成主要包括以下几个方面。

病患数据：这是医疗健康大数据的核心组成部分，包括患者的个人信息、病历记录、诊断结果、治疗方案等。这些数据反映了患者的健康状况、疾病发展情况及治疗效果，是医疗决策的重要依据。

医疗设备数据：医疗设备在诊疗过程中产生的大量数据，如医学影像、生理参数监测数据等，也是医疗健康大数据的重要组成部分。这些数据具有高精度、高时效性等特点，对于疾病的精确诊断和治疗具有重要意义。

医学研究数据：包括临床试验数据、药物研发数据、基因测序数据等，这些数据是医学研究的基础，有助于推动医学科学的进步和创新。

公共卫生数据：涉及人口健康统计、疾病监测、预防接种等方面的数据，这些数据对于制定公共卫生政策、预防和控制疾病传播具有重要意义。

医疗保险数据：包括医疗保险赔付记录、医疗费用支出等数据，这些数据有助于分析医疗资源的利用情况，优化医疗资源配置，提高医疗服务效率。

（二）医疗健康大数据的特点

医疗健康大数据具有以下几个显著特点。

数据量大：医疗健康领域涉及的数据种类繁多，数量庞大。随着医疗信息化建设的推进，各类医疗数据不断积累，形成了海量的数据资源。

数据类型多样：医疗健康大数据包括结构化数据（如病历记录、诊断结果等）、半结构化数据（如医学影像报告等）和非结构化数据（如医疗影像、语音记录等）。这些数据类型多样，处理和分析难度较大。

数据实时性高：医疗健康数据具有很强的实时性，如患者生命体征的实时监测、医疗设备的实时运行数据等。这些数据需要及时处理和分析，以支持医疗决策和救治工作。

数据隐私性强：医疗健康数据涉及患者的个人隐私，如身份信息、病情信息等。因此，在收集、存储和使用这些数据时，需要严格遵守相关法律法规，确保数据的安全性和隐私性。

数据价值高：医疗健康大数据蕴含着丰富的价值，通过数据挖掘和分析，可以发现疾病的发病规律、预测疾病发展趋势、优化治疗方案等，为医疗决策提供有力支持。同时，这些数据还可以用于公共卫生管理、医疗资源优化等方面，推动医疗健康事业的发展。

（三）医疗健康大数据的应用与挑战

随着医疗健康大数据的不断积累和发展，其应用领域也在不断拓展。例如，在临床决策支持方面，通过挖掘和分析患者数据，可以为医生提供更加准确、个性化的诊疗建议；在疾病预测与预防方面，利用大数据技术对疾病进行早期预警和干预，可以降低疾病的发病率和死亡率；在医疗资源优化方面，通过分析医疗资源利用情况，可以合理配置医疗资源，提高医疗服务效率和质量。

然而，在医疗健康大数据的应用过程中，也面临着诸多挑战。首先，数据质量问题是一个亟待解决的问题。由于数据来源广泛、数据类型多样，数据质量参差不齐，给数据挖掘和分析带来了很大困难。其次，数据安全问题也不容忽视。医疗健康数据涉及个人隐私和信息安全，如何确保数据的安全存储和传输是一个重要问题。此外，数据共享与隐私保护的平衡也是一个需要关注的问题。在推动数据共享的同时，需要确保个人隐私得到充分保护。

针对这些挑战，我们需要加强对医疗健康大数据的管理和监管，建立完善的数据质量控制机制和数据安全保障体系。同时，还需要加强跨部门的协作和合作，推动医疗健康数据的共享和利用，以更好地服务于医疗健康事业的发展。

综上所述，医疗健康大数据作为数据科学在医疗领域的重要应用，具有巨大的潜力和价值。通过深入挖掘和分析这些数据，我们可以为医疗健康事业的发展提供有力支持。然而，在应用过程中也需要关注数据质量、数据安全和数据共享等问题，以确保医疗健康大数据的可持续发展和有效利用。

二、大数据在提升医疗服务质量中的作用

在信息化浪潮的推动下，大数据技术已逐渐渗透到医疗服务的各个环节，成为提升医疗服务质量的重要工具。大数据技术以其强大的数据处理和分析能力，为医疗机

构提供了更加精准、高效的决策支持，优化了医疗资源配置，提高了医疗服务效率和质量。下面将从多个维度探讨大数据在提升医疗服务质量中的作用。

（一）个性化医疗服务的实现

大数据技术使得医疗服务更加个性化，满足了患者多样化的需求。通过对患者的大量数据进行分析，医疗机构可以深入了解患者的健康状况、疾病特点、生活习惯等，从而制定更加精准的诊疗方案。例如，基于基因测序数据，可以为患者提供个性化的用药建议，减少药物不良反应；通过对患者的日常生活习惯进行分析，可以为其提供个性化的健康管理方案，预防疾病的发生。

此外，大数据技术还可以帮助医疗机构预测患者的病情发展趋势，为医生提供早期预警。通过对患者的生理参数、影像数据等进行实时监测和分析，可以及时发现病情的变化，为医生争取更多的治疗时间。这种预测性医疗服务的实现，不仅提高了医疗服务的质量，也提升了患者的满意度。

（二）医疗资源优化配置的推动

大数据技术的应用有助于医疗资源的优化配置，提高了医疗服务的效率和可及性。通过对医疗机构的运营数据进行分析，可以了解各科室、各医生的工作量、工作效率、患者满意度等情况，从而为医疗机构的人员调配、设备配置等提供决策支持。这有助于解决医疗资源分布不均、利用效率低等问题，提高了医疗服务的整体质量。

同时，大数据技术还可以帮助医疗机构实现跨区域的医疗资源共享。通过搭建医疗信息平台，实现医疗机构之间的数据互通和资源共享，使得优质医疗资源得以更加公平地分配。这有助于缓解部分地区医疗资源紧张的问题，提高了医疗服务的可及性。

（三）医疗服务质量管理的提升

大数据技术的应用使得医疗服务质量管理更加精细化、科学化。通过对医疗服务过程中的各个环节进行数据分析，可以识别出存在的问题和瓶颈，为医疗机构提供改进的方向和措施。例如，通过对患者的投诉数据进行分析，可以了解患者对医疗服务的不满之处，从而有针对性地进行改进；通过对医疗事故的发生原因进行分析，可以找出事故发生的根源，制定有效的预防措施。

此外，大数据技术还可以用于评估医疗服务的质量和效果。通过对患者的治疗效果、康复情况等进行数据分析，可以评估医疗服务的质量和效果，为医疗机构提供改进的依据。这种以数据为驱动的医疗服务质量管理方式，使得医疗服务的改进更加有针对性、更加有效。

然而，大数据在提升医疗服务质量中的作用并非一蹴而就，还需要面对诸多挑战。首先，数据质量和安全性是大数据应用的基础。医疗机构需要建立完善的数据采集、存储、处理和分析体系，确保数据的准确性和完整性；同时，还需要加强数据的安全保护，防止数据泄露和滥用。其次，大数据技术的应用需要具备一定的技术实力和人才支撑。医疗机构需要加强人才培养和技术研发，提高大数据技术的应用能力和水平。最后，大数据技术的应用还需要考虑伦理和法律问题。在收集、使用和分析患者数据时，需要遵守相关法律法规和伦理规范，保护患者的隐私权和权益。

综上所述，大数据在提升医疗服务质量中发挥着重要作用。通过实现个性化医疗服务、推动医疗资源优化配置和提升医疗服务质量管理等方式，大数据技术为医疗机构提供了强大的支持。然而，在应用过程中还需要关注数据质量、安全性、技术实力及伦理法律等问题，以确保大数据技术的有效应用和可持续发展。未来，随着大数据技术的不断进步和应用场景的不断拓展，相信其在提升医疗服务质量中的作用将更加凸显。

三、医疗健康大数据的发展趋势

随着信息技术的不断发展和普及，医疗健康大数据已经成为推动医疗健康行业创新发展的重要力量。在不久的将来，医疗健康大数据将会迎来更加广阔的发展前景和更为丰富的应用场景。下面将从数据集成与标准化、技术创新与应用拓展、数据安全与隐私保护等几个方面，探讨医疗健康大数据的发展趋势。

（一）数据集成与标准化

在医疗健康大数据的快速发展中，数据集成与标准化是必不可少的趋势。目前，不同医疗机构和信息系统之间的数据孤岛问题仍然普遍存在，数据格式和标准的不统一给数据共享和整合带来了很大困难。因此，未来医疗健康大数据的发展将更加注重数据的集成和标准化。

一方面，通过建设统一的医疗健康大数据平台，实现不同医疗机构和信息系统之间的数据互联互通，打破数据孤岛，形成全面、准确、实时的医疗健康数据资源。另一方面，制定统一的数据标准和规范，确保数据的准确性和一致性，提高数据的可用性和可信度。这将有助于推动医疗健康大数据的广泛应用和深度挖掘，为医疗健康行业的创新和发展提供有力支持。

（二）技术创新与应用拓展

技术创新是推动医疗健康大数据发展的核心动力。随着人工智能、云计算、物联网等技术的不断发展，医疗健康大数据的应用场景将不断拓展和深化。

首先，人工智能技术将在医疗健康大数据的分析和挖掘中发挥重要作用。通过深度学习、自然语言处理等技术，实现对医疗健康数据的智能分析和解读，为医生提供更加精准、个性化的诊疗建议和治疗方案。同时，人工智能技术还可以应用于疾病的预测和预防，通过对大量数据的分析和挖掘，发现疾病的发病规律和风险因素，为早期干预和治疗提供依据。

其次，云计算技术将为医疗健康大数据的存储和处理提供强大的支持。通过云计算平台，可以实现医疗健康数据的分布式存储和并行处理，提高数据处理的速度和效率。同时，云计算还可以降低数据存储和处理的成本，为医疗机构的数字化转型提供有力保障。

此外，物联网技术也将为医疗健康大数据的应用拓展提供新的可能性。通过将各种智能设备和传感器应用于医疗健康领域，实现对患者生命体征、环境参数等数据的实时监测和采集，为疾病的诊断和治疗提供更加全面、准确的数据支持。

（三）数据安全与隐私保护

随着医疗健康大数据的不断发展和应用，数据安全和隐私保护问题也日益凸显。在医疗健康领域，患者的个人信息和医疗记录是非常敏感和私密的，一旦发生数据泄露或滥用，将会给患者带来极大的损失和风险。因此，未来医疗健康大数据的发展将更加注重数据安全和隐私保护。

一方面，加强医疗健康数据的安全管理，建立健全的数据安全防护体系，采用先进的技术手段和管理措施，确保数据的机密性、完整性和可用性。另一方面，加强对医疗健康数据使用的监管和约束，制定严格的数据使用规范和隐私保护政策，防止数据被滥用或泄露。同时，加强对数据使用者的培训和教育，提高他们的数据安全和隐私保护意识，确保医疗健康大数据的安全和合规使用。

除了以上几个主要趋势外，未来医疗健康大数据还将面临更多的机遇和挑战。例如，在政策法规方面，政府将进一步完善与医疗健康大数据相关的政策法规体系，为数据的收集、存储、分析和应用提供法律保障；在人才培养方面，随着医疗健康大数据的快速发展，对相关人才的需求也将不断增加，培养和引进高素质的数据分析、数据科学等人才将成为行业发展的重要任务；在跨界合作方面，医疗健康大数据将促进医疗健康行业与其他行业的跨界合作和创新，推动医疗健康行业的转型升级和持续发展。

综上所述，未来医疗健康大数据的发展趋势将呈现数据集成与标准化、技术创新与应用拓展、数据安全与隐私保护等多个方面。这些趋势将共同推动医疗健康大数据的快速发展和广泛应用，为医疗健康行业的创新和发展注入新的动力和活力。同时，我们也需要不断关注新的挑战和问题，加强研究和探索，为医疗健康大数据的可持续发展提供有力保障。

第二节　人工智能在医学影像诊断中的应用

一、深度学习在医学影像识别中的突破

深度学习作为人工智能领域的重要分支，近年来在医学影像识别中取得了显著的突破。深度学习通过模拟人脑神经网络的工作方式，构建复杂的模型来处理和分析大量的医学影像数据，从而实现对疾病的自动识别和诊断。下面将从深度学习在医学影

像识别中的应用背景、技术突破及发展趋势等方面展开论述。

（一）深度学习在医学影像识别中的应用背景

医学影像识别是医学领域的重要任务之一，它涉及对 X 光片、CT 扫描、MRI 等多种医学影像数据的解读和分析。传统的医学影像识别方法主要依赖医生的经验和专业知识，但这种方法存在主观性强、耗时耗力等缺点。随着医学影像数据的不断增加和复杂化，传统的识别方法已经难以满足实际需求。

深度学习技术的出现为医学影像识别带来了新的解决方案。深度学习可以通过构建深层的神经网络模型，从大量的医学影像数据中自动学习特征表示和分类规则，从而实现对疾病的自动识别和诊断。这种方法不仅提高了识别的准确性和效率，还减少了人为因素的干扰，为医学影像识别带来了新的突破。

（二）深度学习在医学影像识别中的技术突破

1. 特征学习的突破

深度学习在医学影像识别中的一大突破在于其强大的特征学习能力。传统的医学影像识别方法通常需要手动设计和提取特征，这既烦琐又容易受到主观因素的影响。而深度学习可以通过自动学习的方式，从原始医学影像数据中提取出更加复杂和抽象的特征表示。这些特征表示不仅能够更好地描述医学影像的内在结构，还能有效区分不同的疾病类型。

2. 模型性能的提升

深度学习模型的性能也得到了显著提升。随着神经网络结构的不断优化和训练算法的改进，深度学习模型在医学影像识别任务中的性能不断提高。例如，卷积神经网络（CNN）在医学影像识别中表现出了强大的性能，它能够有效地处理二维或三维的医学影像数据，并提取出有用的特征信息。此外，循环神经网络（RNN）和长短期记忆网络（LSTM）等模型也被广泛应用于处理序列化的医学影像数据，如时间序列的 MRI 扫描数据。

3. 多模态数据的融合

深度学习在医学影像识别中的另一个突破是多模态数据的融合。医学影像数据通常包括多种模态，如 X 光片、CT、MRI 等，每种模态都提供了不同的疾病信息。深度学习可以有效地融合这些多模态数据，提取出更加全面和准确的特征表示。通过多模态数据的融合，深度学习模型能够更好地理解疾病的复杂性和多样性，提高诊断的准确性和可靠性。

（三）深度学习在医学影像识别中的发展趋势

1. 模型的可解释性增强

尽管深度学习在医学影像识别中取得了很大突破，但其模型的可解释性仍然是一个挑战。未来的研究将致力于提高深度学习模型的可解释性，使得医生能够更好地理解模型的决策过程，并对其进行验证和改进。

2. 大规模数据集的建设与共享

深度学习模型的性能在很大程度上依赖训练数据的质量和数量。未来，随着医学影像数据的不断积累和共享，将形成更大规模、更多样化的数据集。这将为深度学习在医学影像识别中的应用提供更加坚实的基础。

3. 与其他技术的融合创新

深度学习在医学影像识别中的应用还可以与其他技术进行融合创新。例如，将深度学习与增强学习相结合，使得模型能够在学习过程中不断优化自身性能；将深度学习与生成对抗网络（GAN）相结合，可以生成更加逼真的医学影像数据，用于模型的训练和测试。这些融合创新将进一步推动深度学习在医学影像识别中的发展。

综上所述，深度学习在医学影像识别中取得了很大突破，为医学领域的发展带来了新的机遇和挑战。未来，随着技术的不断进步和应用场景的不断拓展，深度学习将在医学影像识别中发挥更加重要的作用，为人类的健康事业做出更大贡献。

二、AI 辅助的影像诊断系统

随着人工智能（AI）技术的飞速进步，AI 在医学影像诊断中的应用也日益广泛，其重要性不容忽视。AI 辅助的影像诊断系统通过深度学习和大数据分析，为医生提供了更加精准、高效的诊断工具，从而提升了医疗服务质量。下面将深入探讨 AI 辅助的影像诊断系统的现状、优势及发展趋势。

（一）AI 辅助的影像诊断系统的现状

目前，AI 辅助的影像诊断系统已经广泛应用于多种医学影像的解读和分析中，包括 X 光片、CT 扫描、MRI 等。这些系统通过训练大量的医学影像数据，学习并识别出各种疾病的特征，从而实现对疾病的自动检测和诊断。

在实际应用中，AI 辅助的影像诊断系统已经展现出了其强大的潜力。例如，在肺结节的检测中，AI 系统能够准确地识别出肺部 CT 图像中的微小结节，为医生提供及时的诊断依据；在乳腺 X 光片的解读中，AI 系统能够辅助医生发现潜在的肿瘤病变，提高乳腺癌的早期诊断率。

同时，AI 辅助的影像诊断系统也在不断优化和完善。通过不断迭代和改进算法，AI 系统能够更准确地识别疾病的特征，提高诊断的准确性和可靠性。此外，随着医学影像数据的不断积累和丰富，AI 系统的诊断能力也在不断提升。

（二）AI 辅助的影像诊断系统的优势

AI 辅助的影像诊断系统相比传统诊断方法具有显著的优势。

首先，AI 系统具有强大的数据处理和分析能力。传统的医学影像诊断方法往往依赖于医生的经验和直觉，容易受到主观因素的影响。而 AI 系统则能够通过深度学习和大数据分析，从海量的医学影像数据中提取出有用的信息，为医生提供更加客观、准确的诊断依据。

其次，AI 系统能够显著提高诊断效率。传统的医学影像诊断需要医生花费大量时间和精力进行解读和分析，而 AI 系统则能够在短时间内完成大量的影像数据处理工作，为医生节省宝贵的时间。这有助于医生更快地做出诊断，为患者提供及时的治疗。

此外，AI 系统还能够辅助医生进行疑难病例的诊断。对于一些复杂、难以诊断的病例，AI 系统能够提供多种可能的诊断方案，为医生提供更多思路，有助于提高诊断的准确性和全面性。

（三）AI 辅助的影像诊断系统的发展趋势

随着技术的不断进步和应用场景的不断拓展，AI 辅助的影像诊断系统将迎来更加广阔的发展前景。

首先，AI 系统将进一步实现个性化诊断。通过结合患者的个人信息、病史等数据，AI 系统能够为患者提供更加精准、个性化的诊断方案，满足不同患者的需求。

其次，AI 系统将与其他医疗技术实现深度融合。例如，AI 系统可以与机器人手术、远程医疗等技术相结合，形成更加完善的医疗服务体系，为患者提供更加全面、高效的医疗服务。

此外，AI 系统还将更加注重数据安全和隐私保护。随着医学影像数据的不断增加和共享，数据安全和隐私保护问题将越来越受到关注。未来的 AI 辅助的影像诊断系统将更加注重数据的安全性和隐私性，确保患者的个人信息和医疗数据不被泄露和滥用。

同时，随着医疗技术的不断革新，AI 辅助的影像诊断系统也将面临新的挑战和机遇。例如，随着多模态医学影像技术的发展，AI 系统需要能够处理和分析更加复杂、多样化的医学影像数据；随着精准医疗的推进，AI 系统需要能够提供更加精准、个性化的诊断方案。这些挑战将推动 AI 辅助的影像诊断系统不断创新和发展。

总之，AI 辅助的影像诊断系统作为医学影像诊断领域的重要创新，具有广阔的应用前景和巨大的发展潜力。未来，随着技术的不断进步和应用场景的不断拓展，AI 辅助的影像诊断系统将为医疗服务质量提升做出更大的贡献，为患者提供更加精准、高效的诊断服务。同时，我们也需要关注并解决其面临的挑战和问题，确保 AI 辅助的影像诊断系统能够健康、可持续地发展。

三、隐私保护与伦理挑战

随着人工智能（AI）在医学影像诊断中的广泛应用，隐私保护与伦理挑战日益凸显。AI 辅助的影像诊断系统处理的是涉及患者个人隐私的敏感数据，如何在保障诊断效率与准确性的同时，确保患者数据的隐私安全，并遵循伦理原则，是当前亟待解决的问题。下面将深入探讨隐私保护与伦理挑战，并提出相应的应对策略。

（一）隐私保护的挑战与对策

隐私保护是 AI 辅助的影像诊断系统面临的首要挑战。医学影像数据包含患者的个人信息、疾病信息等敏感内容，一旦泄露或被滥用，将对患者的隐私权和身心健康造成严重影响。因此，在 AI 辅助的影像诊断系统中，加强隐私保护至关重要。

首先，应采取数据加密技术来保护医学影像数据的安全性。通过采用先进的加密算法，对医学影像数据进行加密处理，确保数据在传输和存储过程中不被非法获取或篡改。同时，对于 AI 系统的访问权限进行严格控制，只有经过授权的人员才能访问相关数据，防止数据泄露的风险。

其次，应建立完善的数据管理制度，规范数据的收集、存储和使用流程。明确数据收集的目的和范围，避免过度收集患者数据。对于存储的数据，应定期进行备份和检查，确保数据的完整性和可用性。同时，在使用患者数据进行 AI 模型训练或诊断时，应事先征得患者的知情同意，并遵循相关法律法规的规定。

此外，还应加强对 AI 系统的监管和审查，确保其符合隐私保护的要求。建立专门的监管机构，对 AI 辅助的影像诊断系统进行定期检查和评估，确保其符合隐私保护的标准和规定。对于违反隐私保护规定的行为，应依法进行惩处，以维护患者的合法权益。

（二）伦理挑战与对策

除了隐私保护问题外，AI 辅助的影像诊断系统还面临着伦理挑战。在 AI 技术的应用过程中，需要遵循伦理原则，确保技术的合理、公正和透明使用。

首先，应尊重患者的自主权。AI 辅助的影像诊断系统虽然可以提高诊断的准确性和效率，但最终的决策权仍应掌握在医生手中。医生应充分告知患者 AI 系统的诊断结果及其局限性，让患者能够根据自己的情况做出合理的决策。同时，患者也有权选择是否使用 AI 系统进行诊断，其选择应得到充分尊重。

其次，应确保 AI 系统的公正性和无偏见性。在训练 AI 模型时，应使用具有代表性和多样性的数据集，避免模型出现偏见或歧视现象。同时，对于 AI 系统的诊断结果，应进行充分的验证和评估，确保其准确性和可靠性。在使用 AI 系统进行诊断时，应充分考虑患者的个体差异和特殊情况，避免一刀切的诊断方式。

此外，还应加强对 AI 技术的伦理审查和监管。建立专门的伦理审查机构，对 AI 辅助的影像诊断系统进行全面的伦理评估，确保其符合伦理原则和要求。对于涉及伦理问题的 AI 应用，应进行充分的讨论和辩论，形成共识后再进行推广和应用。同时，对于违反伦理原则的行为，应依法进行惩处，以维护社会的公正和公平。

（三）发展趋势

随着技术的不断进步和社会对隐私保护与伦理问题的日益关注，AI 辅助的影像诊断系统在隐私保护和伦理方面将呈现出以下发展趋势。

一方面，隐私保护技术将不断升级和完善。随着加密技术、匿名化技术等的不断发展，医学影像数据的隐私保护将更加严密和有效。同时，随着区块链技术的应用，医学影像数据的可追溯性和可信度将得到进一步提升，为隐私保护提供更有力的技术支撑。

另一方面，伦理原则和规范将更加明确和严格。随着对 AI 技术伦理问题的深入研究，未来将有更多关于 AI 辅助的影像诊断系统的伦理原则和规范出台。这些原则和规范将更加明确地指导 AI 技术的应用和发展，确保其在医学影像诊断中发挥积极作用的同时，遵循伦理原则、尊重患者权益。

此外，随着公众对隐私和伦理问题的关注度提高，未来将有更多社会力量参与到隐私保护和伦理监管中来。政府、企业、学术界和公众将共同推动 AI 辅助的影像诊断系统的健康发展，形成多方参与、共同治理的局面。

综上所述，隐私保护与伦理挑战是 AI 辅助的影像诊断系统面临的重要问题。通过加强隐私保护技术、明确伦理原则和规范及形成多方参与的治理机制，我们可以有效应对这些挑战，推动 AI 技术在医学影像诊断中的健康、可持续发展。同时，我们也需要持续关注新的技术发展和伦理问题，不断完善和调整应对策略，确保 AI 技术能够更好地服务于人类健康事业。

第三节　大数据在个性化医疗中的应用

一、基于大数据的基因组学分析

在基因组学领域，大数据的应用已经日益广泛，为科研人员提供了全新的研究视角和方法。基于大数据的基因组学分析，不仅能够帮助我们深入理解生物体的遗传信息，还能够为疾病的预防、诊断和治疗提供有力支持。下面将从多个方面探讨基于大数据的基因组学分析的重要性、应用及其面临的挑战。

（一）大数据在基因组学分析中的重要性

随着高通量测序技术的快速发展，基因组数据的产生速度呈现爆炸式增长。这些数据包含了生物体遗传信息的丰富细节，为我们揭示了生命的奥秘。然而，如何处理和分析这些海量的基因组数据，成为科研人员面临的一大挑战。大数据技术的出现，为基因组学分析提供了新的解决方案。

大数据技术能够有效地处理和分析大规模的基因组数据，挖掘其中的潜在规律和关联。通过利用大数据算法和模型，科研人员可以对基因组数据进行深度挖掘，发现基因与疾病之间的关联，为疾病的预防和治疗提供科学依据。此外，大数据技术还可以对基因组数据进行整合和比较，揭示不同生物体之间的遗传差异和进化关系，为生物多样性研究和生态保护提供有力支持。

（二）大数据在基因组学分析中的应用

基于大数据的基因组学分析在多个领域都展现出了广泛的应用前景。

首先，在疾病预测和诊断方面，通过对大规模基因组数据的分析，科研人员可以识别出与疾病相关的基因变异和表达模式。这些发现不仅可以用于疾病的早期预警和风险评估，还可以为临床医生提供个性化的治疗方案。例如，通过对癌症患者的基因组数据进行分析，可以发现与肿瘤发生和发展相关的基因变异，为制定有针对性的治疗方案提供依据。

其次，在药物研发方面，基于大数据的基因组学分析可以帮助科研人员筛选出潜在的药物靶点，加速药物的研发过程。通过对不同个体的基因组数据进行比较和分析，可以发现与药物疗效和副作用相关的基因变异，为药物的个性化治疗提供依据。这不仅可以提高药物的疗效，还可以降低药物的副作用风险，为患者带来更好的治疗效果。

此外，在农业生物技术和生态保护方面，基于大数据的基因组学分析也具有重要的应用价值。通过对农作物和畜禽的基因组数据进行分析，可以挖掘出与产量、品质、抗逆性等性状相关的基因变异，为育种和改良提供科学依据。同时，通过对野生动植物种群的基因组数据进行分析，可以揭示其遗传多样性和进化历史，为生态保护和管理提供有力支持。

（三）基于大数据的基因组学分析面临的挑战

尽管基于大数据的基因组学分析具有广阔的应用前景，但在实际应用过程中仍面临一些挑战。

首先，数据质量和完整性问题是一个重要的挑战。由于测序技术的局限性和样本处理的复杂性，基因组数据中可能存在噪声和偏差。此外，不同实验室和数据库之间的数据格式和标准也可能存在差异，导致数据整合和比较的难度增加。因此，在进行基因组学分析时，需要对数据进行严格的质量控制和标准化处理，以确保分析结果的准确性和可靠性。

其次，隐私和伦理问题也是基于大数据的基因组学分析需要关注的重要方面。基因组数据涉及个体的遗传信息和隐私，需要得到妥善保护和管理。在进行基因组学分析时，应严格遵守相关法律法规和伦理规范，确保数据的合法获取和使用，保护个体的隐私权和知情权。

此外，计算资源和算法优化也是基于大数据的基因组学分析面临的挑战之一。处理和分析大规模的基因组数据需要强大的计算资源和高效的算法支持。随着基因组数据的不断增加和复杂性的提高，对计算资源和算法的要求也越来越高。因此，需要不断优化算法和提高计算效率，以应对日益增长的数据处理需求。

综上所述，基于大数据的基因组学分析在推动基因组学研究和应用方面发挥着重要作用。然而，在实际应用过程中仍面临一些挑战和问题。未来，随着技术的不断进步和方法的不断完善，相信基于大数据的基因组学分析将在更多领域展现出其巨大的潜力和价值。

二、精准医疗与个性化治疗方案

随着基因组学、蛋白质组学、代谢组学等生物信息学技术的飞速发展，精准医疗已成为现代医学的重要发展方向。精准医疗强调以个体为中心，通过对个体的基因、环境和生活方式等多维度信息的综合分析，制定个性化的预防、诊断和治疗方案。下面将探讨精准医疗的内涵、个性化治疗方案的应用及面临的挑战与前景。

（一）精准医疗的内涵与发展

精准医疗，顾名思义，是一种基于个体特异性进行精确诊断和治疗的医疗模式。其核心在于通过先进的生物信息学技术，对个体的基因组、蛋白质组、代谢组等生物标志物进行深度解析，以揭示个体间的差异性和疾病的发病机理。这种以个体为中心的医疗模式，打破了传统医疗的"一刀切"方式，为疾病的预防和治疗提供了更为精确和有效的手段。

近年来，随着高通量测序技术、生物信息学分析方法的不断进步，精准医疗的应用范围不断扩大。从最初的遗传性疾病筛查，到后来的肿瘤精准治疗、药物基因组学等领域，精准医疗的应用逐渐渗透到医学的各个领域。同时，随着大数据、人工智能等技术的融入，精准医疗的实现手段也日益丰富和高效。

（二）个性化治疗方案的应用与实践

个性化治疗方案是精准医疗的重要实践形式。通过对个体的基因、表型、环境等多维度信息的综合分析，医生可以制定出更符合患者实际情况的治疗方案，从而提高治疗效果，减少不必要的副作用。

在肿瘤治疗领域，个性化治疗方案的应用尤为突出。通过对肿瘤患者的基因组进行测序分析，医生可以发现与肿瘤发生、发展相关的基因变异，进而选择更为有效的靶向治疗药物。这种基于基因型的精准治疗，不仅可以提高治疗效果，还可以降低治疗成本，为患者带来更好的生存体验。

此外，在药物基因组学领域，个性化治疗方案也取得了显著成果。通过对个体的药物代谢基因进行检测，医生可以预测患者对某种药物的反应和副作用，从而选择更合适的药物和剂量。这种基于药物基因组的精准用药，可以有效提高药物的疗效和安全性，减少药物浪费和不良反应的发生。

（三）精准医疗与个性化治疗方案面临的挑战和前景

尽管精准医疗与个性化治疗方案在医学领域取得了显著成果，但其发展仍面临诸多挑战。

首先，数据隐私和伦理问题亟待解决。精准医疗涉及大量的个体生物信息数据，如何确保这些数据的安全性和隐私性，避免数据泄露和滥用，是精准医疗发展中必须面对的重要问题。同时，如何平衡医学研究和个人隐私之间的关系，也是精准医疗伦理问题的重要方面。

其次，技术标准和规范尚需完善。精准医疗涉及多个领域的技术和方法，如何制定统一的技术标准和规范，确保数据的准确性和可比性，是精准医疗发展的重要保障。

此外，如何对精准医疗的效果进行科学评估，也是制定技术标准和规范的重要方面。

最后，成本和可及性问题是制约精准医疗普及的关键因素。尽管精准医疗具有巨大的潜力和优势，但其高昂的成本和有限的资源限制了其在广大患者中的普及和应用。如何降低精准医疗的成本，提高其可及性，是精准医疗未来发展的重要方向。

尽管面临诸多挑战，但精准医疗与个性化治疗方案的前景依然广阔。随着技术的不断进步和方法的不断完善，精准医疗将在更多领域得到应用和推广。同时，随着人们对个体化医疗需求的不断增加，精准医疗将成为未来医疗发展的重要趋势。我们有理由相信，在不久的将来，精准医疗将为更多患者带来更为精确、有效和个性化的医疗服务。

综上所述，精准医疗与个性化治疗方案是现代医学发展的重要方向。通过深入分析个体的生物信息数据，制定个性化的预防、诊断和治疗方案，我们可以为患者提供更为精确和有效的医疗服务。尽管面临诸多挑战，但随着技术的不断进步和方法的不断完善，我们有理由相信精准医疗将为更多患者带来福音。

三、大数据在慢性病管理与预防中的应用

随着人们生活方式的改变和人口老龄化趋势的加剧，慢性病已成为全球范围内的重大公共卫生问题。大数据技术的快速发展为慢性病管理与预防提供了新的手段和途径。通过收集、整合和分析大量的健康数据，大数据能够帮助我们深入理解慢性病的发病机理、流行趋势和影响因素，为制定有效的干预措施提供科学依据。下面将探讨大数据在慢性病管理与预防中的应用，分析其优势、挑战及发展趋势。

（一）大数据在慢性病管理中的应用

慢性病管理涉及疾病的监测、诊断、治疗和康复等多个环节。大数据技术的应用为慢性病管理提供了更为精准和高效的方法。

首先，大数据可用于慢性病的早期监测和预警。通过对大规模健康数据的收集和分析，我们可以发现慢性病的早期迹象和预警信号。例如，通过分析个体的基因、生活方式、环境暴露等数据，可以预测个体患某种慢性病的风险，从而提前进行干预和预防。

其次，大数据可用于慢性病的精准诊断和个性化治疗。通过整合个体的临床数据、影像学资料、生物标志物等信息，大数据可以帮助医生更准确地诊断慢性病的类型和阶段，并制定个性化的治疗方案。这不仅可以提高治疗效果，还可以减少不必要的医疗资源浪费。

此外，大数据还可用于慢性病的康复管理和随访追踪。通过对患者康复过程中的数据进行实时监测和分析，可以评估治疗效果和康复进展，及时调整治疗方案。同时，通过随访追踪，可以了解慢性病患者的生活质量和健康状况，为制订长期管理计划提供依据。

（二）大数据在慢性病预防中的应用

慢性病预防是降低疾病发病率和减轻疾病负担的重要手段。大数据技术的应用为慢性病预防提供了新的思路和方法。

首先，大数据可用于慢性病的流行病学研究和风险评估。通过对大规模健康数据的分析，我们可以揭示慢性病的发病规律、影响因素和流行趋势，为制定预防策略提供依据。同时，通过构建风险评估模型，可以对个体患慢性病的风险进行量化评估，为制定个性化的预防措施提供指导。

其次，大数据可用于慢性病健康教育和宣传。通过对公众的健康数据进行挖掘和分析，我们可以了解公众对慢性病的认知程度、生活方式和健康状况等信息。基于这些数据，我们可以制定有针对性的健康教育和宣传策略，提高公众对慢性病的认识和预防意识。

此外，大数据还可用于慢性病干预措施的效果评估。通过对干预前后的健康数据进行对比和分析，我们可以评估干预措施的有效性和可行性，为优化干预策略提供依据。

（三）大数据在慢性病管理与预防中面临的挑战和前景

尽管大数据在慢性病管理与预防中展现出了巨大的潜力，但其应用仍面临一些挑战。

首先，数据质量和隐私问题是大数据应用的首要挑战。由于数据来源的多样性和复杂性，数据质量参差不齐，存在噪声和偏差。同时，健康数据涉及个人隐私和敏感信息，如何确保数据的安全性和隐私性是一个亟待解决的问题。

其次，技术标准和规范的不统一也制约了大数据在慢性病管理与预防中的应用。目前，不同机构和平台之间的数据格式和标准存在差异，导致数据难以共享和整合。因此，需要制定统一的技术标准和规范，促进数据的互通和共享。

此外，专业人才的缺乏也是大数据应用的一大瓶颈。慢性病管理与预防需要具备医学、统计学、计算机科学等多学科知识的复合型人才。然而，目前这类人才相对匮乏，需要加强培养和引进。

尽管面临这些挑战，但大数据在慢性病管理与预防中的应用前景依然广阔。随着技术的不断进步和方法的不断完善，我们相信大数据将为慢性病管理与预防带来更多的创新和突破。未来，我们可以期待看到更多基于大数据的慢性病管理平台和预防策略的出现，为人们的健康保驾护航。

综上所述，大数据在慢性病管理与预防中的应用具有重要意义。通过收集、整合和分析大量的健康数据，我们可以更深入地了解慢性病的发病机理和预防策略，为制定个性化的管理方案提供依据。尽管目前仍面临一些挑战，但随着技术的不断进步和应用的不断深化，我们相信大数据将在慢性病管理与预防中发挥越来越重要的作用。

第四节　人工智能在药物研发与临床试验中的应用

一、AI 在新药发现与设计中的应用

随着人工智能（AI）技术的迅猛发展，其在医药领域的应用也日益广泛。特别是在新药发现与设计方面，AI 技术展现出了巨大的潜力和优势。通过深度学习、机器学习等方法，AI 能够高效地处理和分析海量的生物信息数据，为新药发现与设计提供有力的支持。下面将探讨 AI 在新药发现与设计中的应用，包括其技术原理、实践案例及面临的挑战与前景。

（一）AI 在新药发现与设计中的技术原理

AI 在新药发现与设计中的应用主要依赖深度学习和机器学习等技术。这些技术通过构建复杂的神经网络模型，从海量的生物信息数据中提取出有用的特征和规律。具体来说，AI 可以通过以下方式应用于新药发现与设计。

首先，AI 可以通过对基因组、蛋白质组等生物大分子数据进行分析，预测药物与靶点的相互作用。通过构建基于深度学习的预测模型，AI 能够识别出潜在的药物靶点，为药物设计提供候选分子。

其次，AI 可以通过对已知药物的结构和活性数据进行学习，发现新的药物候选物。这种方法被称为基于机器学习的药物重定位，它可以帮助研究人员发现已知药物的新用途，从而加速药物研发进程。

此外，AI 还可以通过模拟生物体内的代谢过程，预测药物在体内的药效和毒性。这种方法有助于在药物研发早期阶段筛选出具有潜在风险的药物候选物，降低后期临床试验的失败率。

（二）AI 在新药发现与设计中的实践案例

近年来，AI 在新药发现与设计领域的应用已经取得了显著成果。以下是一些具有代表性的实践案例：

AlphaFold：这是一款由 DeepMind 开发的蛋白质结构预测工具。它利用深度学习技术，能够从氨基酸序列中预测出蛋白质的三维结构。这一突破性的成果为新药设计提供了更为准确和高效的靶点预测手段。

抗癌药物发现：研究人员利用 AI 技术对大量的癌症基因组数据进行分析，发现了多个潜在的抗癌药物靶点。基于这些靶点，研究人员成功设计出了多款新型的抗癌药物，为癌症治疗提供了新的选择。

药物重定位：AI 技术还被应用于药物重定位领域。通过对已知药物的结构和活性数据进行学习，AI 能够预测出这些药物在治疗其他疾病方面的潜力。这种方法为那些

因疗效不佳或副作用过大而被淘汰的药物提供了新的应用前景。

(三) AI 在新药发现与设计中的挑战和前景

尽管 AI 在新药发现与设计中的应用已经取得了显著进展，但仍面临着一些挑战。首先，数据质量和数量是制约 AI 应用的关键因素。目前，生物信息数据的获取和整合仍存在一定难度，且数据的质量参差不齐。此外，AI 模型的训练需要大量的标注数据，而这部分数据往往难以获取。

其次，AI 模型的解释性和可靠性也是亟待解决的问题。尽管 AI 模型在预测药物活性、靶点等方面表现出色，但其内部的工作机制往往难以解释。这增加了人们对 AI 模型预测结果的信任度。

然而，尽管面临挑战，AI 在新药发现与设计中的前景依然广阔。随着技术的不断进步和方法的不断完善，我们有理由相信 AI 将在新药发现与设计领域发挥越来越重要的作用。未来，AI 技术将在新药研发的各个环节发挥更大的作用，为医药领域带来更多的创新和突破。

综上所述，AI 在新药发现与设计中的应用具有巨大的潜力和优势。通过深度学习、机器学习等技术手段，AI 能够高效地处理和分析生物信息数据，为新药发现与设计提供有力的支持。尽管仍面临一些挑战，但随着技术的不断进步和应用的深入，AI 将为新药研发带来更多的创新和突破，为人类健康事业做出更大的贡献。

二、临床试验数据的分析与挖掘

随着医学科技的飞速发展，临床试验在药物研发、疾病治疗及医疗决策中扮演着越来越重要的角色。临床试验数据作为评估药物疗效和安全性的重要依据，其分析和挖掘具有深远的意义。下面将重点探讨临床试验数据的分析与挖掘，旨在阐述其方法、应用及面临的挑战，以期为相关领域的研究与实践提供参考。

(一) 临床试验数据分析与挖掘的方法

临床试验数据的分析与挖掘涉及统计学、机器学习、数据挖掘等多学科交叉知识。以下是几种常用的方法。

首先，描述性统计分析是临床试验数据分析的基础。通过对数据的均值、标准差、中位数、四分位数等基本统计量的计算，可以初步了解数据的分布特征和变异程度。这有助于研究者对数据的整体情况有一个直观的认识。

其次，推断性统计分析是评估药物疗效和安全性的关键手段。通过假设检验、置信区间估计等方法，可以推断出样本数据所代表的总体特征。例如，通过比较试验组和对照组的差异，可以判断药物是否具有显著的疗效。

此外，随着机器学习技术的不断发展，其在临床试验数据分析中的应用也日益广泛。机器学习算法可以从大量数据中自动提取有用的信息，发现数据之间的潜在关联和规律。例如，决策树、支持向量机、神经网络等算法可以用于分类、回归、聚类等任务，帮助研究者更好地理解和利用临床试验数据。

数据挖掘技术也是临床试验数据分析的重要手段。数据挖掘可以通过关联规则挖掘、序列模式挖掘等方法，发现数据中的隐藏信息和模式。这有助于揭示药物疗效与安全性之间的复杂关系，为药物研发和医疗决策提供有力支持。

（二）临床试验数据分析与挖掘的应用

临床试验数据的分析与挖掘在药物研发、疾病治疗及医疗决策等方面具有广泛的应用价值。

在药物研发方面，通过对临床试验数据的分析，可以评估药物的疗效和安全性，为药物的上市申请提供科学依据。同时，数据挖掘技术还可以用于发现新的药物靶点和作用机制，为药物创新提供思路。

在疾病治疗方面，临床试验数据的挖掘可以帮助医生更好地了解疾病的发病机制和进展规律，从而制定个性化的治疗方案。例如，通过对肿瘤患者基因组数据的分析，可以发现与肿瘤发生、发展相关的基因变异，为精准治疗提供依据。

在医疗决策方面，临床试验数据的分析可以为政策制定者提供科学的决策依据。通过对不同地区、不同人群的临床试验数据进行比较和分析，可以评估不同医疗策略和措施的效果，为优化医疗资源配置和提高医疗服务质量提供支持。

（三）临床试验数据分析与挖掘面临的挑战和前景

尽管临床试验数据的分析与挖掘具有广泛的应用价值，但在实际应用过程中仍面临一些挑战。

首先，数据质量问题是影响分析结果准确性和可靠性的重要因素。临床试验数据往往存在缺失、异常、不一致等问题，需要进行有效的数据清洗和预处理。此外，不同研究之间的数据标准和格式差异也可能导致数据整合和分析的困难。

其次，隐私保护和伦理问题也是临床试验数据分析与挖掘中需要关注的重要方面。在数据收集、存储和分析过程中，需要严格遵守相关法律法规和伦理规范，确保患者隐私和权益得到保障。

此外，随着数据规模的不断扩大和算法模型的复杂化，计算资源和时间的消耗也成为制约临床试验数据分析与挖掘的一个重要因素。因此，如何优化算法和提高计算效率也是未来研究的一个重要方向。

尽管面临这些挑战，但临床试验数据的分析与挖掘仍然具有广阔的前景。随着技术的不断进步和方法的不断完善，我们可以期待更加精准、高效的数据分析和挖掘方法出现。同时，随着大数据、人工智能等技术的融合应用，临床试验数据的分析和挖掘将在药物研发、疾病治疗及医疗决策中发挥更加重要的作用。

综上所述，临床试验数据的分析与挖掘是一项具有深远意义的工作。通过科学的方法和手段对临床试验数据进行深入挖掘和分析，我们可以更好地理解和利用这些数据，为药物研发、疾病治疗及医疗决策提供有力支持。虽然目前仍面临一些挑战，但随着技术的不断进步和应用的深入，我们有理由相信临床试验数据的分析与挖掘将在未来发挥更加重要的作用。

三、药物疗效预测与风险评估

在药物研发与临床应用的过程中，药物疗效预测与风险评估是至关重要的一环。通过对药物作用机制、患者个体差异及环境因素等多方面的深入分析，可以更准确地预测药物在特定患者群体中的疗效，并评估其潜在的风险。这不仅有助于提高药物研发的成功率，降低临床试验的成本和风险，还能为患者提供更加精准的治疗方案，提升医疗质量。

（一）药物疗效预测的方法与技术

药物疗效预测主要依赖对药物作用机制、患者生物学特征及疾病病理生理过程的深入理解。随着生物信息学、基因组学、蛋白质组学等学科的快速发展，越来越多的技术和方法被应用于药物疗效预测领域。

一方面，基于基因组学的药物疗效预测方法逐渐受到关注。通过对患者基因组数据的分析，可以识别出与药物代谢、靶点结合及药效发挥相关的基因变异。这些基因变异可以作为预测药物疗效的生物标志物，为个体化用药提供依据。例如，某些特定的基因型可能导致患者对某些药物具有更高的敏感性或耐药性，从而影响药物的疗效。

另一方面，基于机器学习和深度学习的预测模型也在药物疗效预测中发挥着重要作用。这些模型可以通过对大量临床数据、生物标志物数据及药物结构数据的分析，学习药物与患者之间的复杂关系，并预测药物在不同患者群体中的疗效。这种方法具有高度的灵活性和可扩展性，可以处理各种类型的数据，并发现数据之间的潜在关联。

（二）药物风险评估的框架与策略

药物风险评估旨在识别药物在研发、临床试验及临床应用过程中可能存在的潜在风险，为决策者提供科学依据。一个完整的药物风险评估框架应包括风险识别、风险评估和风险控制三个主要环节。

风险识别是药物风险评估的第一步，主要通过文献调研、临床试验数据分析及专家咨询等方式，收集与药物相关的各种风险信息。这些信息可能包括药物的副作用、毒性、相互作用及患者个体差异等方面。

风险评估是对识别出的风险进行定量或定性分析的过程。常用的风险评估方法包括风险矩阵法、故障树分析法及蒙特卡洛模拟等。这些方法可以帮助研究者评估风险的概率、严重性及可控性，从而为风险控制提供依据。

风险控制是在风险评估的基础上，采取一系列措施来降低或消除药物风险的过程。这些措施可能包括改进药物设计、优化给药方案、加强患者监测及制定应急预案等。通过风险控制，可以最大限度地保障患者的安全和合理用药。

（三）药物疗效预测与风险评估的挑战和展望

尽管药物疗效预测与风险评估在药物研发与临床应用中具有重要作用，但当前仍面临着一些挑战。

首先，数据的可用性和质量是影响药物疗效预测与风险评估的关键因素。目前，尽管已经积累了大量的生物标志物、基因组学及临床数据，但这些数据往往存在缺失、不一致及难以整合等问题。因此，如何有效收集、整合和分析这些数据，提高数据的可用性和质量，是未来药物疗效预测与风险评估领域需要解决的重要问题。

其次，个体差异和环境因素对药物疗效和风险的影响也是当前研究的难点。不同患者之间在基因、代谢、免疫等方面存在显著的差异，这些差异可能导致药物在不同患者中的疗效和风险表现出极大的差异。同时，环境因素如饮食、生活习惯、药物相互作用等也可能对药物疗效和风险产生影响。因此，如何综合考虑个体差异和环境因素，提高药物疗效预测与风险评估的准确性，是另一个需要深入研究的问题。

此外，随着新技术的不断涌现和应用，如何将这些新技术与现有的药物疗效预测与风险评估方法相结合，进一步提高预测和评估的准确性和效率，也是未来研究的重要方向。例如，人工智能、大数据分析等技术可以为药物疗效预测与风险评估提供强大的支持和辅助，有助于解决传统方法中存在的问题和挑战。

尽管面临这些挑战，但药物疗效预测与风险评估的展望依然充满希望。随着技术的不断进步和方法的不断完善，我们可以期待更加精准、高效的药物疗效预测与风险评估方法的出现。这将有助于提高药物研发的成功率，降低临床试验的成本和风险，为患者提供更加精准的治疗方案，推动医疗事业的持续发展。

综上所述，药物疗效预测与风险评估是药物研发与临床应用中的重要环节。通过深入研究和应用新的技术和方法，我们可以不断提高预测和评估的准确性和效率，为药物研发和医疗决策提供有力支持。虽然当前仍面临一些挑战，但随着技术的不断进步和应用的深入，我们有理由相信药物疗效预测与风险评估将在未来发挥更加重要的作用。

第五节　智能医疗设备与远程医疗服务的发展和应用

随着科技的快速发展，智能医疗设备和远程医疗服务逐渐成为现代医疗体系的重要组成部分。它们不仅改变了传统医疗服务的模式，提高了医疗服务的效率和质量，还极大地改善了患者的就医体验。智能医疗设备以其便携性、实时性和智能化等特点，为患者的健康管理提供了更多可能性；而远程医疗服务则通过打破地域限制，使优质医疗资源得以更加公平地分配。

一、智能可穿戴设备的创新与应用

智能可穿戴设备作为智能医疗的重要组成部分，近年来得到了广泛地关注和应用。这些设备通过集成传感器、通信模块和数据处理单元，能够实时监测用户的生理参数，如心率、血压、血氧饱和度等，并通过移动应用或云平台进行数据分析和反馈。智能可穿戴设备的创新与应用，不仅为患者提供了更加便捷的健康管理手段，也为医生提供了更多的诊断依据和治疗参考。

（一）智能手环与手表的健康监测功能

智能手环与手表作为最常见的可穿戴设备之一，其健康监测功能日益完善。这些设备通常配备了光学心率传感器、加速度计等传感器，能够实时监测用户的心率、步数、睡眠质量等生理指标。通过与智能手机或云平台的连接，用户可以随时查看自己的健康数据，并接收个性化的健康建议。医生也可以通过远程访问这些数据，了解患者的健康状况，为远程诊疗提供数据支持。

此外，一些高端的智能手环与手表还具备 ECG 心电图监测功能，能够实时捕捉心脏的电活动，帮助用户及时发现潜在的心脏问题。这些功能的出现，使得智能手环与手表在健康管理领域的应用更加广泛，也为其在疾病预防和早期诊断方面发挥更大的作用提供了可能。

然而，智能可穿戴设备在应用过程中也面临一些挑战。例如，数据的准确性和可靠性问题、设备的兼容性和互通性问题，以及用户隐私和数据安全问题等。为了克服这些困难，需要进一步加强技术研发和标准制定，提升设备的性能和安全性；同时，也需要加强用户教育和培训，提高用户对设备的认知和使用能力。

接下来，我们将进一步探讨远程医疗服务的优势与挑战，以及大数据与 AI 在提升医疗服务效率中的作用。这些内容将涉及远程医疗服务的实施模式、技术优势、面临的法律与伦理问题，以及大数据与 AI 在医疗数据分析、诊断辅助和个性化治疗等方面的应用。通过深入分析这些话题，我们旨在为读者呈现一个全面而深入的智能医疗设备与远程医疗服务的发展与应用图景。

（二）智能健康监测设备的多样化应用

随着技术的不断进步，智能健康监测设备的种类和应用场景也在不断丰富。除了智能手环与手表外，智能血压计、智能血糖仪、智能体脂秤等设备也逐渐进入人们的日常生活。这些设备通过无线连接技术，将用户的健康数据实时传输至手机或云端平台，为用户提供更加全面和精准的健康管理。

智能血压计能够实时监测用户的血压变化，并通过算法分析预测高血压等慢性疾病的风险。对于高血压患者，智能血压计可以帮助他们更加便捷地监测血压，及时调整治疗方案，有效控制病情。智能血糖仪则可以帮助糖尿病患者随时监测血糖水平，及时发现低血糖或高血糖的风险，避免并发症的发生。

智能体脂秤则能够测量用户的体重、体脂率、肌肉量等多项指标，帮助用户全面了解自己的身体状况。通过长期监测和数据分析，用户可以更好地调整饮食和运动习惯，实现健康减重或增肌的目标。

此外，还有一些智能健康监测设备专门针对特定人群或疾病进行设计。例如，针对老年人的智能跌倒检测设备、针对心脏病患者的智能心电监测设备等。这些设备能够实时监测用户的身体状况，及时发现异常情况并采取相应的应对措施，有效保障用户的生命安全。

然而，智能健康监测设备的广泛应用也带来了一些挑战。如何确保数据的准确性和可靠性、如何保护用户的隐私和数据安全、如何整合不同设备的数据以实现更加精准的健康管理等问题都需要进一步研究和解决。

（三）智能医疗设备在疾病预防与早期诊断中的作用

智能医疗设备的广泛应用不仅在疾病管理和治疗中发挥了重要作用，还在疾病预防与早期诊断中展现出了巨大的潜力。通过实时监测和分析用户的生理数据，智能医疗设备可以帮助用户及时发现潜在的健康问题，从而采取有效的干预措施，防止疾病的发生或延缓疾病的进展。

例如，智能手环和手表通过连续监测用户的心率和睡眠质量等指标，可以预测心脏病、糖尿病等慢性疾病的风险。当用户的心率或睡眠质量出现异常时，设备会及时发出提醒，建议用户进行进一步检查或调整生活方式。这种早期预警机制有助于用户及时发现并控制潜在的健康问题，降低疾病的发生率。

此外，一些智能医疗设备还具备图像识别和深度学习功能，可以对用户的皮肤、眼睛等部位进行自动检测和分析。例如，一些智能皮肤镜可以识别皮肤癌的早期病变，一些智能眼底相机可以检测糖尿病视网膜病变等眼部疾病。这些设备通过自动化、高精度的检测方式，提高了早期诊断的准确性和效率，为患者争取了宝贵的治疗时间。

然而，智能医疗设备在疾病预防与早期诊断中的应用也面临一些挑战。首先，设备的准确性和可靠性问题仍需要解决。其次，用户对于智能医疗设备的认知度和接受度也是制约其应用的重要因素。此外，如何整合不同设备的数据、制定统一的诊断标准等问题也需要进一步研究和探讨。

综上所述，智能可穿戴设备的创新与应用为现代医疗体系带来了革命性的变化。通过实时监测和分析用户的生理数据，这些设备不仅提高了医疗服务的效率和质量，还为疾病预防和早期诊断提供了有力支持。然而，在应用过程中仍需解决一些技术和认知上的挑战，以充分发挥智能医疗设备的潜力。

接下来，我们将探讨远程医疗服务的优势与挑战，分析远程医疗服务如何打破地域限制，实现优质医疗资源的共享和有效利用。

二、远程医疗服务的优势与挑战

（一）远程医疗服务的优势

远程医疗服务利用现代通信技术，实现了医生与患者之间的远程诊断和治疗。这种服务模式具有诸多优势，首先体现在打破了地域限制。传统的医疗服务模式往往受到地域的限制，患者需要亲自前往医疗机构就诊。而远程医疗服务则打破了这一限制，患者只需通过互联网或移动应用，即可与医生进行实时沟通，获取专业的医疗建议和治疗方案。这为患者提供了更加便捷和高效的医疗服务体验，尤其对于那些居住在偏远地区或行动不便的患者来说，无疑是一种福音。

其次，远程医疗服务有助于缓解医疗资源分布不均的问题。在一些地区，优质医疗资源相对匮乏，患者难以获得及时有效地治疗。而远程医疗服务可以将城市的优质医疗资源引入基层和农村，使得更多患者能够享受到高质量的医疗服务。这不仅有助于提升基层医疗水平，还能减轻大医院的就诊压力，实现医疗资源的优化配置。

此外，远程医疗服务还具有降低医疗成本、提高诊疗效率等优点。通过远程医疗服务，患者可以减少往返医院的时间和费用，降低医疗支出；同时，医生也可以利用碎片化的时间进行远程诊疗，提高工作效率。这种服务模式还有助于减少医院的人流量，降低交叉感染的风险，保障患者的安全。

（二）远程医疗服务的挑战

尽管远程医疗服务具有诸多优势，但在实际应用过程中也面临一些挑战。首先，技术问题是制约远程医疗服务发展的关键因素之一。由于网络延迟、数据传输速度等问题，远程医疗服务的质量可能受到影响。此外，不同地区的医疗设备和技术水平存在差异，也可能导致远程医疗服务的实施难度增加。

其次，远程医疗服务需要遵守严格的法律法规和伦理规范。在保护患者隐私、确保数据安全等方面，远程医疗服务需要采取更加严格的措施。同时，医生在进行远程诊疗时也需要遵守相应的职业规范和诊疗标准，确保医疗服务的质量和安全性。

此外，患者对于远程医疗服务的认知度和接受度也是影响其发展的一个重要因素。一些患者可能对于通过互联网或移动应用接受医疗服务持怀疑态度，担心其安全性和有效性。因此，提高公众对远程医疗服务的认知度和信任度，是推广和普及远程医疗服务的重要任务。

为了应对这些挑战，我们需要从多个方面入手。首先，加强技术研发和创新，提高远程医疗服务的稳定性和可靠性。通过优化网络传输技术、提升医疗设备性能等方式，确保远程医疗服务的质量和安全。其次，完善法律法规和伦理规范，为远程医疗服务提供有力的法律保障和道德支撑。制定严格的隐私保护政策、加强数据安全监管等措施，保障患者的合法权益。同时，加强医生的教育和培训，提高他们的专业素养和远程诊疗能力，确保医疗服务的质量和效果。

此外，我们还应该加强宣传和推广工作，提高公众对远程医疗服务的认知度和接受度。通过媒体宣传、科普讲座等方式，向公众普及远程医疗服务的优势和使用方法，增强他们对这种新型服务模式的信任感和依赖度。

综上所述，远程医疗服务作为一种新型的服务模式，具有诸多优势和潜力。通过应对技术、法律、伦理和认知等方面的挑战，我们可以充分发挥远程医疗服务的优势，为更多患者提供便捷、高效、优质的医疗服务。

三、大数据与 AI 在提升医疗服务效率中的作用

（一）大数据在医疗服务中的应用

随着大数据技术的快速发展，其在医疗服务领域的应用也越来越广泛。通过收集、整合和分析海量的医疗数据，大数据可以帮助医疗机构和医生更好地了解患者的健康状况和疾病特征，制定更加精准和有效的治疗方案。

首先，大数据在疾病预测和风险评估方面发挥着重要作用。通过对大量患者的病历、检查结果和生活习惯等数据进行分析，大数据可以预测患者患病的风险和可能性，为医生提供有针对性的预防和治疗建议。这有助于提前发现潜在的健康问题，采取有效的干预措施，降低疾病的发生率。

其次，大数据还可以优化医疗资源配置和提升医疗服务效率。通过对医疗资源的使用情况进行数据分析和挖掘，医疗机构可以更加合理地安排医护人员的工作时间和工作流程，减少等待时间和资源浪费。同时，大数据还可以帮助医疗机构优化患者就诊流程，提高诊疗效率和服务质量。

此外，大数据还可以促进医疗科研和药物研发。通过对大量的临床数据和研究成果进行分析和整合，大数据可以为医学研究和药物研发提供有力的支持和指导。这有助于推动医疗技术的进步和创新，为患者提供更加先进和有效的治疗方法。

（二）AI 在医疗服务中的作用

人工智能技术的快速发展为医疗服务带来了革命性的变化。通过应用 AI 技术，我们可以实现医疗服务的智能化和自动化，提高医疗服务的效率和质量。

首先，AI 在医疗影像诊断方面发挥着重要作用。通过深度学习等算法，AI 可以对医学影像进行自动分析和解读，帮助医生快速准确地识别病变部位和性质。这不仅可以提高诊断的准确性和效率，还可以减轻医生的工作负担，让他们有更多的时间和精力关注患者的治疗和康复。

其次，AI 还可以辅助医生进行临床决策和制定治疗方案。通过对患者的病历、检查结果和生理参数等数据进行综合分析，AI 可以为医生提供个性化的治疗建议和用药方案。这有助于医生更加全面地了解患者的病情和需求，制定更加精准和有效的治疗方案。

此外，AI 可以应用于患者管理和健康教育中。通过智能穿戴设备和移动应用等方式，AI 可以实时监测患者的健康状况和生活习惯，为他们提供个性化的健康管理和指导。同时，AI 还可以通过智能问答和互动学习等方式，帮助患者更好地了解自己的疾病和治疗方案，提高他们的健康素养和自我管理能力。

然而，大数据和 AI 在医疗服务中的应用也面临一些挑战和问题。如何确保数据的准确性和可靠性、如何保护患者的隐私和数据安全、如何制定合理的伦理规范等问题都需要我们进一步研究和探讨。

综上所述，智能医疗设备与远程医疗服务的发展与应用为现代医疗体系带来了前所未有的变革。通过不断创新和应用新技术，我们可以为患者提供更加便捷、高效和优质的医疗服务，推动医疗事业的持续发展和进步。

第十章

人工智能与大数据在农业领域的应用和实践

第一节　智慧农业的概念与发展现状

一、智慧农业的定义与特点

智慧农业，作为现代信息技术与农业生产紧密结合的产物，通过应用物联网、云计算、大数据、人工智能等先进技术，实现农业生产的智能化、精准化和高效化。它旨在提升农业生产效率，优化资源配置，降低生产成本，并最终达到提高农产品质量和产量的目标。

智慧农业的特点主要体现在以下几个方面。

（一）数据驱动

智慧农业通过收集、存储、分析和应用海量的农业数据，包括土壤、气候、作物生长等各方面的信息，形成数据驱动的决策机制，为农业生产提供科学依据。

（二）自动化与智能化

借助传感器、自动化设备和智能感知技术，智慧农业实现了农业生产过程中的自动化和智能化。例如，通过智能灌溉系统，可以根据作物生长需求和土壤湿度自动调节灌溉量，减少水资源浪费。

（三）精细管理

智慧农业通过现代科技手段，实现了对农作物的精细管理。从种植到收获，每个阶段都可以进行精确的控制和监测，确保作物生长环境处于最佳状态。

二、全球智慧农业的发展动态

随着科技的进步和全球化的推动，智慧农业在全球范围内呈现出快速发展的态势。各国纷纷加大投入，推动智慧农业的研发和应用，形成了一系列具有代表性的发展动态。

（一）技术创新与应用拓展

在技术创新方面，人工智能、物联网、大数据等先进技术在智慧农业中的应用不断深化。同时，智能农机装备、无人机植保、智能温室等新型智慧农业设备和系统也在不断涌现，为农业生产提供了更多的可能性。

（二）政策扶持与市场推广

各国政府纷纷出台政策支持智慧农业的发展，包括资金补贴、税收优惠等措施。此外，通过举办智慧农业展览、论坛等活动，加强智慧农业技术的宣传和推广，提高社会对智慧农业的认可度和接受度。

（三）国际合作与交流加强

面对全球性的挑战和问题，各国在智慧农业领域加强合作与交流，共同推动智慧农业的发展。通过分享经验、交流技术、开展联合研究等方式，促进全球智慧农业技术的共同进步和创新。

三、智慧农业对农业现代化的推动作用

智慧农业作为现代农业的重要组成部分，对农业现代化的推动作用日益凸显。

（一）提高农业生产效率

通过应用智能感知、智能控制等技术，智慧农业能够实现对农业生产环境的实时监测和调控，优化作物生长条件，提高农业生产效率。同时，自动化和智能化的生产设备也减少了人工干预，降低了劳动强度。

（二）提升农产品品质和安全性

智慧农业通过精准管理和控制，可以确保农产品在生长过程中获得最佳的养分和水分供应，减少病虫害的发生，从而提高农产品的品质和产量。此外，通过追溯系统等技术手段，还可以确保农产品的安全来源和可追溯性，保障消费者的权益。

（三）推动农业可持续发展

智慧农业注重资源的合理利用和环境保护，通过精确施肥、节水灌溉等措施，减少化肥、农药的使用量，降低对环境的污染。同时，智慧农业还可以促进农业废弃物的资源化利用，推动农业循环经济的发展。

综上所述，智慧农业作为现代农业发展的重要方向，以其独特的特点和优势在全球范围内得到了广泛关注和应用。未来，随着科技的不断进步和应用的深入拓展，智慧农业将在农业现代化进程中发挥更加重要的作用，为人类创造更加美好的农业未来。

第二节　大数据在农业生产中的应用

随着信息技术的飞速发展，大数据在各行各业的应用越来越广泛，农业生产亦不例外。大数据的引入为农业生产带来了革命性的变革，使得农业生产更加精准、高效和可持续。本节将探讨大数据在精准农业与土壤数据分析、作物生长监测与预测，以及农业资源优化配置等方面的应用。

一、精准农业与土壤数据分析

精准农业是大数据在农业生产中的重要应用领域之一。通过收集和分析土壤数据，可以实现对土壤类型的准确划分、土壤肥力的科学评估及土壤改良措施的有效制定。

首先，大数据可以帮助我们更准确地划分土壤类型。传统的土壤分类方法往往依赖人的经验和感官判断，存在较大的主观性和误差。而利用大数据技术，我们可以收集大量土壤样本数据，通过数据挖掘和分析，发现土壤性质与土壤类型之间的内在关联，从而实现对土壤类型的精确划分。

其次，大数据可以用于评估土壤肥力。土壤肥力是农作物生长的关键因素之一。通过收集土壤中的营养成分、微生物种类和数量等数据，结合作物的生长需求，我们可以利用大数据技术对土壤肥力进行科学评估。这样，农民就可以根据评估结果，制定合适的施肥方案，提高土壤的肥力水平，促进作物生长。

此外，大数据还可以用于指导土壤改良措施。针对不同类型的土壤和不同的作物需求，我们可以利用大数据技术对土壤改良措施进行模拟和优化。通过比较不同改良方案的效果和成本，选择最佳的土壤改良措施，提高土壤的质量和利用率。

二、作物生长监测与预测

作物生长监测与预测是大数据在农业生产中的另一重要应用领域。通过对作物生长过程中的各种数据进行实时监测和分析，我们可以更好地了解作物的生长状况和需求，为农业生产提供科学依据。

首先，大数据可以用于实时监测作物的生长状况。通过利用遥感技术、无人机等先进设备，我们可以收集到作物生长过程中的大量数据，如叶面积、叶绿素含量、株高等。这些数据可以通过大数据平台进行实时处理和分析，生成作物的生长曲线和生长模型，帮助农民及时了解作物的生长状况。

其次，大数据可以用于预测作物的产量和品质。通过分析作物生长过程中的气候、土壤、病虫害等因素，结合历史数据和模型预测，我们可以对作物的产量和品质进行预测。这有助于农民提前制定销售策略和市场计划，降低市场风险。

此外，大数据还可以用于指导作物的种植和管理。通过分析不同作物品种在不同环境下的生长表现和适应性，我们可以为农民提供科学的种植建议和管理方案。这有助于优化作物种植结构，提高作物的产量和品质。

三、大数据驱动的农业资源优化配置

农业资源的优化配置是农业生产中的关键问题之一。大数据技术的应用可以帮助我们更好地了解农业资源的分布和利用状况，实现资源的合理利用和优化配置。

首先，大数据可以用于分析农业资源的分布和利用状况。通过收集和分析农业用地、水资源、劳动力等资源的数据，我们可以了解各种资源的分布情况和利用效率。这有助于我们制定有针对性的资源管理措施，提高资源的利用效率。

其次，大数据可以用于优化农业生产布局。通过分析不同地区的气候、土壤、市场需求等因素，结合作物的生长特性和适应性，我们可以利用大数据技术对农业生产布局进行优化。这有助于实现农业生产的区域化和专业化，提高农业生产的效益和竞争力。

此外，大数据还可以用于指导农业节水灌溉和节能减排。通过分析作物的水分需求和灌溉效率，结合水资源的供应情况，我们可以制定科学的灌溉方案，减少水资源的浪费。同时，通过分析农业生产过程中的能源消耗和排放情况，我们可以制定节能减排措施，降低农业生产对环境的影响。

综上所述，大数据在农业生产中的应用具有广泛的前景和潜力。通过精准农业与土壤数据分析、作物生长监测与预测，以及农业资源优化配置等方面的应用，我们可以实现农业生产的智能化、高效化和可持续化，推动农业现代化的进程。未来，随着大数据技术的不断发展和完善，相信其在农业生产中的应用将更加深入和广泛。

第三节　人工智能在农业装备与作业中的应用

随着科技的飞速发展，人工智能（AI）在农业领域的应用日益广泛，为农业生产带来了前所未有的变革。AI 技术的引入，不仅提高了农业装备的智能化水平，还优化了农业生产作业流程，显著提升了农业作业效率。本节将详细探讨人工智能在智能农机装备的研发与应用、自动化与机器人技术在农业生产中的应用，以及 AI 在农业作业效率提升中的作用。

一、智能农机装备的研发与应用

智能农机装备的研发与应用是人工智能在农业领域的重要体现。借助 AI 技术，传统农机装备实现了智能化升级，为农业生产提供了更加精准、高效的服务。

首先，智能农机装备具备精准感知和决策能力。通过集成传感器、摄像头等感知设备，智能农机装备能够实时获取农田环境、作物生长状态等信息，并基于这些信息做出精准决策。例如，智能播种机可以根据土壤湿度、养分含量等因素，自动调节播种深度和播种量，确保作物生长的最佳条件。

其次，智能农机装备具备自主导航和路径规划功能。借助 GPS 定位系统和 AI 算法，智能农机装备可以在无人干预的情况下自主完成农田作业。这不仅降低了人力成本，还提高了作业效率。同时，通过路径规划算法，智能农机装备能够选择最优的作业路线，减少重复作业和无效作业，进一步提高了作业效率。

此外，智能农机装备还具备远程监控和维护功能。通过物联网技术，农民可以实时了解农机装备的运行状态和工作情况，及时发现并解决问题。这大大降低了农机装备的维护成本，延长了使用寿命。

二、自动化与机器人技术在农业生产中的应用

自动化与机器人技术是人工智能在农业生产中的另一重要应用领域。通过引入自动化和机器人技术，农业生产实现了从播种到收获的全流程自动化作业，大大提高了生产效率。

首先，自动化和机器人技术可以应用于农田作业中的各个环节。例如，自动化播种机可以精准控制播种量和播种深度，自动化灌溉系统可以根据作物需水量自动调节灌溉量，自动化收割机可以实现高效、精准的作物收割。这些自动化设备的广泛应用，大大减轻了农民的劳动负担，提高了作业效率。

其次，自动化和机器人技术还可以应用于农业生产的智能化管理。通过集成传感器、摄像头等感知设备，机器人可以实时获取农田环境、作物生长状态等信息，并基于这些信息做出智能决策。例如，智能巡检机器人可以定期巡查农田，及时发现并处理病虫害等问题；智能施肥机器人可以根据土壤养分含量和作物需求，自动完成施肥作业。这些智能化管理手段的应用，使得农业生产更加精准、高效。

此外，自动化和机器人技术还可以应用于农业生产的仓储和物流环节。通过引入自动化仓储系统和智能物流设备，可以实现农产品的高效存储和运输，降低损耗率，提高经济效益。

三、AI 在农业作业效率提升中的作用

AI 技术在提升农业作业效率方面发挥着重要作用。通过优化作业流程、降低人力成本、提高作业精度等方式，AI 技术为农业生产带来了显著的经济效益。

首先，AI 技术可以优化作业流程。通过对农业生产过程中的各个环节进行智能化管理，AI 技术可以实现作业流程的自动化和智能化。这不仅可以减少人工干预，降低人力成本，还可以提高作业效率和质量。

其次，AI 技术可以降低人力成本。通过引入智能农机装备和自动化机器人，可以替代部分人力劳动，减轻农民的劳动强度。同时，通过智能化管理手段，还可以降低对劳动力的依赖程度，进一步降低人力成本。

此外，AI 技术还可以提高作业精度。通过精准感知和决策能力，AI 技术可以实现农业生产过程中的精准作业。这不仅可以提高作物产量和品质，还可以减少浪费和损失，提高经济效益。

综上所述，人工智能在农业装备与作业中的应用为农业生产带来了革命性的变革。通过智能农机装备的研发与应用、自动化与机器人技术的引入，以及 AI 技术在提升农业作业效率中的作用发挥，农业生产实现了智能化、高效化和精准化。未来随着人工智能技术的不断发展和完善，相信其在农业领域的应用将更加广泛和深入，为农业生产带来更多的创新和突破。

第四节　大数据与人工智能在农产品流通和销售中的应用

随着信息技术的迅猛发展，大数据与人工智能在农产品流通与销售领域的应用逐渐广泛，为农产品市场的分析、预测、供应链管理及营销策略制定带来了革命性的变革。本节将深入探讨大数据与人工智能在这三个方面的具体应用。

一、农产品市场分析与预测

大数据技术的应用使得农产品市场分析与预测变得更加精准和科学。通过对海量数据的收集、整理和分析，我们能够更全面地了解市场需求、消费者偏好及价格变动趋势，为农产品流通与销售提供有力支持。

首先，大数据可以帮助我们深入了解市场需求。通过收集和分析各类农产品销售数据、消费者购买记录及市场趋势等信息，我们可以准确判断市场需求的规模和结构，为农产品生产和销售提供有力指导。

其次，大数据有助于精准把握消费者偏好。消费者的购买行为、搜索记录、评论反馈等数据蕴含着丰富的信息，通过对这些数据的挖掘和分析，我们可以揭示消费者的购买习惯、口味偏好及价格敏感度，为农产品定制化生产和销售提供决策依据。

此外，大数据还可以用于预测农产品价格变动趋势。通过对历史价格数据、季节性因素、政策变动等进行分析，我们可以建立价格预测模型，预测未来一段时间内农产品的价格走势，为农民和农产品经销商制定合理的销售策略提供参考。

二、智能供应链管理

智能供应链管理是大数据与人工智能在农产品流通与销售领域的又一重要应用。通过引入智能技术和方法，我们可以优化供应链流程，提高供应链的协同性和效率，降低运营成本。

首先，智能供应链管理系统可以实现供应链信息的实时共享和协同管理。借助物联网技术，我们可以实时监控农产品的生产、加工、运输等环节，确保信息的及时性和准确性。同时，通过云计算平台，各供应链节点可以实现信息的共享和协同，提高供应链的响应速度和协同效率。

其次，人工智能技术的应用可以优化供应链的决策过程。利用机器学习算法，我们可以对供应链数据进行深度分析，发现潜在的优化空间，并提出相应的解决方案。